Helfenberger Annalen
1890.

Herausgegeben

von der

Chemischen Fabrik
EUGEN DIETERICH

in

Helfenberg
bei Dresden.

Springer-Verlag Berlin Heidelberg GmbH
1891.

ISBN 978-3-662-33566-6   ISBN 978-3-662-33964-0 (eBook)
DOI 10.1007/978-3-662-33964-0

Inhalts-Verzeichnis.

VORWORT.

Im Nachfolgenden gestatten wir uns, den Fachgenossen wiederum eine Auswahl der im letzten Jahre in den hiesigen Laboratorien ausgeführten Beobachtungen und Untersuchungen vorzulegen. Wenn dieselbe nicht so reichhaltig ausgefallen ist, wie in den früheren Jahren, so sind daran einerseits die Neubearbeitung des Dieterich'schen Manual's in deutscher Ausgabe, welche die Zeit des Unterzeichneten sehr lange in Anspruch genommen hat, andrerseits die vermehrten Anforderungen des Geschäftsbetriebes an das analytische Laboratorium schuld.

Naturgemäss muss diesen Anforderungen in erster Linie genügt werden, und wenn wir auch den steigenden Bedürfnissen in dieser Richtung durch Gewinnung eines zweiten analytischen Chemikers nachgekommen sind, so ist doch dieser Zuwachs zu frisch, als dass derselbe bereits für die vorliegenden Annalen seine Wirkung äussern könnte.

Viel Stoff zur Besprechung hat uns das neue Deutsche Arzneibuch gegeben. Mit Recht ist das Erscheinen desselben mit Beifall begrüsst worden, da es sich in Bezug auf die chemischen Präparate sehr vorteilhaft von der früheren Pharmakopöe unterscheidet. Leider kann man jedoch dieses Lob in keiner Weise auf die Behandlung der galenisch-pharmaceutischen Präparate ausdehnen; mit ganz wenigen Ausnahmen ist das Arzneibuch auf dem veralteten Standpunkte der P. G. II stehen geblieben, unbekümmert darum, dass die Forschung auf diesem Gebiete in den letzten Jahren besonders rege thätig gewesen ist und alle jene Unzuträglichkeiten aufgedeckt hat, deren Fortbestand nur dem Ansehen und dem Verbrauche der galenischen Mittel selbst zum Schaden gereichen muss! In der That, sind diese Heilmittel einmal dem officiellen Arzneischatze einverleibt, so darf man doch auch billigerweise verlangen, dass sowohl den Herstellungsvorschriften, wie auch dem Prüfungsverfahren derselben eine wenigstens annähernd gleiche Würdigung zu teil wird, wie denen der chemischen Präparate. Nach wie vor müssen wir es aber als ungerechtfertigt und wenig folgerichtig bezeichnen, wenn man auf der einen Seite eine frisch entdeckte, noch immer heftig umstrittene Glycerinprüfungsmethode aufnimmt, auf der anderen Seite sich jedoch scheut, längst feststehende Untersuchungsverfahren auf den Alkaloidgehalt der Extrakte einzuführen, trotzdem aber für letztere Maximaldosen aufstellt! oder wenn man von der Technik in Bezug auf das Natriumjodid die höchste Leistungsfähigkeit verlangt, dem Gummipflaster jedoch in altgewohnter Weise die schmutz- und sandhaltigen, ungereinigten Gummiharze einverleiben lässt!

Dank diesem Standpunkte beider Gesetzbücher hat sich der erfreuliche Umstand, dass viele chemische Präparate von der Technik jetzt in einer Schönheit geliefert werden, welche nur die hohen Anforderungen der Pharmakopöen veranlassten, auf die galenisch-pharmaceutischen Präparate nicht erstreckt; im Gegenteil liefert die Grossindustrie vielfach Präparate, denen gegenüber „Pharmakopöeware" nur als zweite Sorte bezeichnet werden kann!

Der Deutsche Apotheker wird trotzdem fortfahren, schon in seinem eigensten Interesse dem Publikum nur das Beste zu bieten, und so mögen auch die nachstehenden Mitteilungen dazu beitragen, an der Vervollkommnung eines Zweiges pharmaceutischer Thätigkeit mitzuarbeiten, welcher nach unserer Überzeugung nur durch jahrelange Vernachlässigung zum jetzigen Stande gelangen konnte.

Wie schon eingangs erwähnt, standen in diesem Jahr der Herausgabe der Annalen grössere Hindernisse entgegen; letztere wurden nur durch die treue Mithilfe der Herren Doktoren Bosetti und Schmidt, denen der Unterzeichnete hiermit seinen aufrichtigen Dank dafür ausspricht, überwunden.

Chemische Fabrik in Helfenberg bei Dresden,

Eugen Dieterich.

Acetum Scillae.

Die Untersuchung des Meerzwiebelessigs ergab folgende Zahlen:

Spez. Gew.	$^0/_0$ Essigsäure.
1,020	4,98
1,022	5,10
1,023	5,10
1,023	4,98
1,022	4,98

Das Deutsche Arzneibuch hat, unsere jährlichen Untersuchungen berücksichtigend, den Essigsäuregehalt des Meerzwiebelessigs auf **4,98** bis **5,1** $^0/_0$ festgesetzt und damit den Verhältnissen der Praxis Rechnung getragen.

Die Bereitungsvorschrift des Arzneibuches möchten wir durch die Angabe vervollständigen, dass die Filtration der Seihflüssigkeit am besten vor sich geht, wenn man sie in einem kalten Raume vornimmt, nachdem man die Flüssigkeit ebendaselbst 24 Stunden hatte stehen lassen. Es bietet dies Verfahren zugleich die beste Gewähr gegen das Nachtrüben des Meerzwiebelessigs.

———

Acidum oleïnicum.

Wie bekannt prüfen wir die Ölsäure, indem wir die weingeistige Lösung derselben mit weingeistiger $^1/_2$ N. Kalilauge titrieren. Wir haben in diesem Jahre teilweise noch die Bestimmung der Jodzahl hinzugefügt und erhielten so folgende Zahlen:

% Ölsäure:	Jodzahl:
98,70	—
98,70	—
98,70	—
97,20	—
97,20	—
95,80	—
98,70	—
98,70	—
98,70	—
97,20	—
96,30	77,10
95,32	79,42
94,90	79,94
95,32	79,17
92,12	71,00
92,12	71,46
91,18	71,48

Der Ölsäuregehalt schwankt zwischen 91,18 und 98,70 %, die Jodzahlen liegen zwischen 71,00 und 79,94.

Wenn es gestattet ist, aus den wenigen Jodzahlen schon jetzt Schlüsse zu ziehen, so scheint im allgemeinen ein höherer Gehalt an Ölsäure auch eine höhere Jodzahl zu bedingen.

Adeps suillus.

Die Untersuchung des selbstausgelassenen und des eingekauften Schweinefettes wurde in der bisherigen Weise ausgeführt, ohne Veranlassung zu Beanstandungen zu geben, ein Zeichen, dass auch von amerikanischem Fett noch immer unverdächtige Ware im Handel zu haben ist, wofern man einen entsprechenden Preis dafür anlegt. Die Bestimmung des spez. Gewichtes bei 90^0 werden wir in Zukunft fallen lassen, da wir uns überzeugt haben, dass diese Prüfung für die Beurteilung des Fettes von untergeordnetem Werte ist.

Es wurden folgende Zahlen erhalten:

		Spez. Gew. bei 90°	Schmelz-punkt	Säure-zahl	Jod-zahl
aus Schmer selbst ausgelassen	1.	0,897	42,5°	1,2	51,0
	2.	0,896	43°	1,1	52,9
	3.	—	42°	1,1	51,8
	4.	—	41°	0,28	51,9
	5.	—	42°	0,28	58,9
	6.	—	40°	0,46	57,1
	7.	—	42°	0,33	58,7
eingekauft	8.	0,892	38°	1,7	62,4
	9.	0,893	38°	1,7	62,7
	10.	0,893	38°	1,7	62,2
	11.	0,894	38°	1,7	62,9
	12.	0,895	38°	1,7	62,5
	13.	0,895	39°	1,7	60,9
	14.	0,897	38°	1,1	62,7
	15.	0,897	38°	1,7	61,8
	16.	0,896	42°	1,1	53,1
	17.	—	44°	0,56	51,4
	18.	—	38°	1,1	62,9
	19.	—	40°	1,1	50,7
	20.	0,894	38°	1,4	61,9

Der Schmelzpunkt des selbstausgelassenen Fettes schwankt zwischen 40 und 43°, der des gekauften zwischen 38 und 44°; die Jodzahlen liegen bei ersterem zwischen 51 und 58,9, bei letzterem zwischen 50,7 und 62,9.

Das Deutsche Arzneibuch bringt ausser den allgemeinen Prüfungsverfahren auf grobe Verunreinigungen die Forderung, dass 10,0 Schweinefett in Chloroform-weingeistiger Lösung nicht mehr als 0,2 ccm N. Kalilauge zur Sättigung vorhandener freier Fettsäure bedürfen, sie verlangt also eine Säurezahl von 1,12. Diese Forderung ist erfüllbar, nur mag darauf hingewiesen werden, dass bei Verwendung von $^1/_{10}$ N. Kalilauge zur Bestimmung der Säurezahl 1,0 Fett ebenso genügt wie 10,0.

Den Schmelzpunkt des Schweinefettes giebt das Arzneibuch zu 36 bis 42° an. Hierzu bemerken Fischer, Hager und Hartwich*) ganz

*) Commentar z. deutsch. Arzneib. S. 201.

richtig, dass einer solchen Angabe auch die Art und Weise, in welcher diese Bestimmung ausgeführt werden soll, beigefügt sein müsse, da die Verschiedenheit der Schmelzpunktbestimmungsverfahren auch verschiedene Ergebnisse bei ein- und demselben Fett zeitigt. Die von uns veröffentlichten Werte werden in der Weise gewonnen, dass die Substanz im beiderseits offenen Kapillarrohr in Wasser eingesenkt und dann der Wärmegrad als Schmelzpunkt betrachtet wird, bei dem die Fettmasse in die Höhe steigt.

Eine Prüfung des Schweinefettes auf das Vorhandensein fremder Fette hat das Arzneibuch nicht für notwendig erachtet, was um so bedenklicher erscheinen muss, als die Hübl'sche Jodaddition für die Erkennung fremder Fette ein ebenso einfach zu handhabendes, wie wertvolles Hilfsmittel bildet.

Wie im vorigen Jahre, so wurde auch in diesem die Verfälschung des Schweinefettes mit Baumwollensamenöl in der Litteratur behandelt.

B. Fischer*) hat sich bei seinen diesbezüglichen Untersuchungen die Bechi'sche Reaktion „als besonders brauchbar" erwiesen; es müssen demnach die Fälscher nicht immer so raffiniert sein, um zu wissen, dass erhitztes Baumwollensamenöl die Bechi'sche Probe und die Hirschsohn'sche Goldchloridreaktion aushält!

In dasselbe Gebiet, nämlich das der Farbenreaktionen, gehört die Methode von Labiche**), nach welcher man in der Weise verfährt, dass man 25 g des geschmolzenen klaren Fettes mit 25 ccm Bleiacetatlösung (1 : 2) versetzt und nach Zugabe von 5 ccm Ammoniak gut mischt. Nach dem Verfasser zeigt die so erhaltene emulsionsartige Flüssigkeit bei Gegenwart von Baumwollensamenöl schon nach kurzer Zeit eine gelbrote Färbung, welche nach eintägigem Stehen intensiver wird. Wir haben nach diesen Angaben, die wir nur insofern abänderten, als wir mit dem zehnten Teil der vorgeschriebenen Mengen arbeiteten, Versuche ausgeführt und können die Befunde von Labiche bestätigen. Selbst ein Zusatz von 1 % Baumwollensamenöl lässt sich, wenn man dieselbe Prüfung mit reinem Fett ausführt und zum Vergleich daneben hält, recht wohl erkennen. Dagegen blieb auch hier die Reaktion selbst bei tagelangem Stehen aus, wenn man das Baumwollensamenöl vorher so weit, dass es 1 bis 2 Minuten rauchte, erhitzt hatte!

---

*) Jahresb. d. chem. Untersuchungsamtes d. Stadt Breslau 1890. S. 30.
**) Zeitschr. f. anal. Chemie 1890. S. 722.

Der Wert dieser Prüfung wird hierdurch auf den der Silbernitrat- und Goldchloridreaktion herabgestimmt; gleichzeitig scheint der Umstand, dass alle drei Proben bei erhitztem Öl im Stich lassen, darauf hinzudeuten, dass alle drei Reaktionen ein und denselben Körper treffen.

Die weiteren Angaben Labiche's, dass auch Mohnöl und Sesamöl von der Reaktion unberührt bleiben, können wir nicht bestätigen; wir kommen hierauf unter „Oleum Olivarum" zurück.

Eine andere Farbenreaktion ist von Perkins*) angegeben worden; nach demselben soll Kaliumdichromat bei Gegenwart von Schwefelsäure durch Baumwollensamenöl reduziert werden, reines Schweinefett dagegen nicht. Wir konnten nur finden, dass unter den von Perkins angegebenen Bedingungen auch reines Schweinefett reduziert wird.

Von wesentlich anderen Gesichtspunkten aus bemüht sich Taylor**) die Verfälschung nachzuweisen. Nach demselben löst man in einem Probierglase 140 grains (1 grain = 0,0648 gr.) Schweinefett in 20 ccm Petroleumbenzin unter vorsichtigem Erwärmen, filtriert die Lösung von etwa vorhandenen Gewebsresten ab in ein anderes Probierglas und stellt letzteres 15—20 Minuten in Eiswasser. Nach Verlauf dieser Zeit soll sich das Schmalz ausscheiden, während das Öl gelöst bleibt.

Wir haben nach diesen Angaben vier Versuche ausgeführt, und zwar mit reinem Schweinefett und mit solchem, dem 20, 30 und 40 % Baumwollensamenöl zugesetzt worden waren. Da wir in allen Fällen Ausscheidungen bekamen, welche dem Augenscheine nach Unterschiede nicht erkennen liessen, so filtrierten wir sämtliche Proben bei Winterkälte, verdunsteten je 5 ccm des das Baumwollensamenöl enthaltenden Filtrates in einem Platinschälchen und brachten nach zweistündigem Trocknen bei 100° zur Wägung. Der Rückstand betrug:

a) bei reinem Schweinefett 1,428,
b) bei einem Gehalte von 20 % Baumwollensamenöl 1,465,
c) „ „ „ „ 30 „ „ 1,478,
d) „ „ „ „ 40 „ „ 1,527.

Die Methode ist demnach völlig unbrauchbar.

Wir erwähnten in unserem vorjährigen Bericht eine neue Methode zur Erkennung und annähernd quantitativen Bestimmung des Baumwollensamenöles im Schweinefett von Muter und de Koningh***), welche

---

*) The Analyst 1890, **15,** 55. d. Chem. Ztg. 1890, No. 26. Rep. No. 9.
) The Analyst 1890, **15, 96.
***) Chem. Zeitung 1890. S. 93.

deshalb die Aufmerksamkeit zu verdienen schien, weil sie theoretischer Erwägung nach gestatten würde, Baumwollensamenöl auch dann nachzuweisen, wenn gleichzeitig, um die Konsistenz zu erhöhen, Rindsstearin zugesetzt worden ist. Letzteres besitzt eine niedrige Jodzahl; eine geschickte Hand kann daher die Mischung wohl so gestalten, dass eine direkte Bestimmung der Jodzahl keinen Aufschluss ergiebt.

Erfahrungen über diese Methode lagen mit Ausnahme der Empfehlung seitens v. Asbóth zur Zeit der vorjährigen Annalen nicht vor und sind auch in der Zwischenzeit nicht bekannt geworden; wir haben deshalb bei der Wichtigkeit der Sache eine Reihe von Versuchen angestellt, deren Ergebnisse wir im folgenden vorlegen.

Nach den Verfassern stellt man sich zunächst eine Kaliseife aus dem betreffenden Schweinefett her, fällt die Lösung derselben mit Bleiessig, löst das Bleioleat durch Äther und zersetzt dasselbe mit Salzsäure. In der ätherischen Lösung der Ölsäure bestimmt man diese durch Titration und weiterhin die Jodzahl derselben in bekannter Weise. Nach Muter und de Koningh beträgt die Jodzahl für die Ölsäure des Schweinefettes 93,66, für die des Baumwollensamenöles 136,69.

Nach den Angaben der Verfasser verfahrend, erhielten wir folgende Werte:

	50 ccm ätherische Ölsäurelösung enthielten an Ölsäure	Jodzahl
Schweinefett, selbst ausgelassen	0,366	93,0
	0,366	94,5
	0,374	89,4
	0,363	89,5
	0,358	90,7
+ 10 % Baumwollensamenöl	0,361	91,6
+ 30 % Baumwollensamenöl	0,381	97,4
Baumwollensamenöl	0,385	112,6

Die vorstehenden, acht gesonderten Versuchen entstammenden Zahlen sind nicht so günstig, als diejenigen, welche v. Asbóth mit der Methode erhalten hat; vor allem können wir diesem nicht beistimmen, wenn er ein Fett, das eine höhere Jodzahl als 94,0 hat, als bestimmt verfälscht angesehen wissen will. Nur ein Zusatz von 30 % dürfte auf Grund der Jodzahl mit Sicherheit erkennbar sein.

Ebensowenig können wir uns der Ansicht anschliessen, dass das Verfahren bequem und leicht sei, wir halten dasselbe im Gegenteil für zeitraubend und umständlich.

Aqua Amygdalarum amararum.

Über Bittermandelwasser.*)

Herr Dr. E. Bosetti aus Helfenberg bespricht als Beitrag zu der die Gemüter in jüngster Zeit beschäftigenden Bittermandelwasser-Frage den Einfluss, welchen eine vorhergehende Maceration der unentölten, teilweise, d. h. durch Pressen entölten und mit Petroleumäther völlig entölten bitteren Mandeln auf die grössere oder geringere Ausbeute an Cyanwasserstoff nach Laboratoriumsversuchen ausübt.

Ein jedesmal rein gescheuertes (Laux, Apoth. Zeit. 1890) Weissblechgefäss, welches innen in halber Höhe mit einem Kranz zum Einlegen eines Drahtsiebes versehen war, wurde mit 200 ccm destilliertem Wasser beschickt und sodann die in allen Fällen gleichfein gepulverten Mandeln im Betrage von 60,0, bez. in Mengen, welche 60,0 unentölten entsprachen, nach dem Anrühren mit Wasser auf das mit Filtrierpapier bedeckte Sieb gebracht. Der Verschluss wurde durch Schrauben mit Gummidichtung bewerkstelligt und das aufgelötete Ableitungsrohr mit einem Liebig'schen Kühler verbunden. Es wurden nun jedesmal zunächst 45 ccm abdestilliert und in 15 ccm Alkohol aufgefangen, dann mit gewechselter Vorlage wiederum 45 ccm in 15 ccm Alkohol und zuletzt nochmals 15 ccm in 5 ccm Alkohol. Die Zeitdauer vom Füllen des Apparates bis zum Eintritt der vollen Destillation betrug etwa 30 Minuten. Ein Parallelversuch wurde dann stets mit voraufgehender sechsstündiger Maceration unternommen.

---

*) Aus den Berichten der Pharmaceutischen Gesellschaft 1891. S. 52.

Die folgende Zusammenstellung zeigt die gefundenen Werte:

	Nicht entölte Mandeln.		Ausgepresste, also teilweise entölte Mandeln.		Mit Petroleumäther völlig entölte Mandeln.	
	Sofort	Nach 6 Stunden	Sofort	Nach 6 Stunden	Sofort	Nach 6 Stunden
1. Destillat . .	0,0772	0,0833	0,1105	0,1054	0,1020	0,0901
2. Destillat . .	0,0246	0,0245	0,0175	0,0210	0,0245	0,0228
3. Destillat . .	0,0053	0,0047	0,0047	0,0047	0,0053	0,0053

Die vorstehenden Werte bezeichnen gr. H C N in den erwähnten
60,60 und 20 ccm Destillat; sie zeigen, dass die vorhergehende Maceration im allgemeinen ohne Einfluss auf die Ausbeute an H C N ist.
dass weiter entölte Mandeln zwar mehr an letzterer ergeben, als unent-
ölte, dass aber ein völliges Entölen mit Petroleumäther die Ausbeute
nicht wesentlich erhöht. Vortragender hebt besonders die Möglichkeit
hervor, dass der Versuch im grossen Massstabe andere Ergebnisse, als
die vorstehenden zeitigen könne, da ja die Hilfsmittel, über welche die
moderne Grossindustrie verfüge, die obwaltenden Verhältnisse häufig
genug so ändern, dass ein Vergleich mit dem Laboratoriumsversuch
nicht angebracht erscheine.

Balsame, Harze, Gummiharze.

Die Untersuchung der Balsame, Harze und Gummiharze nach den im vorigen Jahre erwähnten Grundsätzen lieferte folgende Zahlen:

	$^0/_0$ in Alkohol lösliche Teile	$^0/_0$ Asche	Säure-zahl	Ester-zahl	Ver-seifungs-zahl	Spez. Gew.
Asa foetida cruda	15,43	66,0	—	—	—	—
	18,70	54,0	—	—	—	—
	53,60	15,6	—	—	—	—
Bals. Copaiv.	—	—	77,28	7,0	84,28	—
Maracaïbo	—	—	82,88	7,0	89,8	—
Bals. Peruvian.	—	—	56,0	170,8	226,8	—
Kolophonium	—	—	172,4	—	—	1,082
	—	—	176,7	—	—	1,078
	—	—	176,7	—	—	1,079
	—	—	169,4	—	—	1,075
	—	—	164,3	—	—	1,077
	—	—	168,9	—	—	1,078

Die vorstehenden Zahlen bewegen sich innerhalb des Rahmens der Ergebnisse, welche die letzten Jahre zu Tage förderten.

Das Deutsche Arzneibuch lässt in der Asa foetida die weingeist-löslichen Teile und den Aschengehalt bestimmen; letzteren setzte die Ph. G. II. auf 10 $^0/_0$ fest, während das Arzneibuch sogar einen Asant von nur 6 $^0/_0$ Aschengehalt verlangt. Ob es möglich sein wird, eine solche Ware immerfort im Handel aufzutreiben, möchten wir bezweifeln; uns wenigstens gelang dies in den letzten Jahren nie.

Mit grosser Einstimmigkeit hat die Kritik ihr Bedauern darüber ausgesprochen, dass die auf nassem Wege gereinigten Gummiharze keine Gnade vor den Augen des Arzneibuches gefunden haben. Fürchtete man vielleicht, dass das zusammengesetzte Bleipflaster von seiner Wirk-samkeit verlieren könnte, wenn man es von den althergebrachten Schmutzteilen befreite?

Nun, die französische Pharmakopoe ist in dieser Frage seit langem mit gutem Beispiele vorangegangen und auch in Deutschland hat die Praxis längst ihr Urteil abgegeben, denn ein grosser Teil der ausübenden Apotheker könnte nur auf Kosten seiner Konkurrenzfähigkeit zu den ungereinigten Gummiharzen zurückkehren. So erweist sich der Standpunkt des Arzneibuches als veraltet, ja als entwickelungshemmend!

Die Bestimmung der Esterzahl des Copaivebalsam, wie sie das Arzneibuch ausführen lässt, ist von Thoms*) einer ebenso sachgemässen, wie erschöpfenden Besprechung unterzogen worden, der wir uns nur anschliessen können.

Von einem neuen Gesichtspunkte aus wurde die Prüfung des Perubalsams von Brüche**) behandelt, der die Jodzahl desselben bestimmte und wesentliche Unterschiede mit der des Colophoniums, der Benzoë, des Storax und des Lärchenterpentins auffand. Bestätigen sich die Angaben des Verfassers an weiterem Untersuchungsmaterial verschiedener Handelssorten, so dürfte damit ein wichtiger Fortschritt auf diesem Gebiete zu verzeichnen sein.

Cantharidin.
Über japanische Kanthariden.***)

Herr Dr. E. Bosetti aus Helfenberg bei Dresden legt ein Muster japanischer Canthariden vor, welche der Helfenberger Fabrik in einem grösseren Posten in jüngster Zeit zum Kaufe angeboten worden sind und demnach wohl zum erstenmale als Handelsartikel auf den Markt kommen dürften. — Hager, Fischer und Hartwich, welche in ihrem Kommentar etwa 45 Arten von Canthariden erwähnen, nennen die vorliegende Art nicht. Die japanischen Canthariden sind kleiner, als die offizinellen und haben schwarze Flügeldecken mit zarten braunen Längsstreifen; der verhältnismässig grosse Kopf fällt durch seine rote Farbe auf, der Geruch ist ganz wesentlich schwächer, als der der offizinellen und der chinesischen Canthariden. Der Direktor des Königlichen zoologischen und des anthropologisch-ethnographischen Museums zu Dresden, Herr Hofrat Dr. Meyer, der die Güte hatte, den Kustos desselben Institutes,

---

*) Pharm. Centralhalle 1890. S. 567.
**) Apoth.-Zeitung 1891. S. 128.
***) Aus den Berichten der Pharmaceutischen Gesellschaft 1891. S. 99.

Herrn Dr. Heller, zu einer Untersuchung der Käfer zu veranlassen, schreibt an Herrn E. Dieterich darüber folgendes:

„Die übersandten Käfer gehören der Art an, welche Marseul 1873 in den Annal. de la Soc. Entomol. de France als Epicauta gorrhami (p. 227) beschrieb. Die vorliegenden Stücke stimmen nicht ganz genau mit der Beschreibung, da bei einigen der schwarze Scheitelfleck fehlt und die Flecken innerhalb der Augen nicht braun, sondern schwarz sind; allein es dürften dies nur individuelle Verschiedenheiten sein. Die Gattung Epicauta ist in Europa in 6 Arten vertreten, von welcher E. dubica, die in der Grösse der japanischen fast gleichkommt, bei Adien, häufiger in Ungarn, gefunden wird. Die südrussische E. erythrocephala ist E. gorrhami sehr nahestehend.“

Vortragender legt weiter zum Vergleich offizinelle und chinesische Canthariden vor und erwähnt bezüglich der letzteren als Kuriosum, dass in einer frisch angekommenen, verlöteten Kiste ein lebendes Exemplar der Mylabris Cichorei aufgefunden wurde, welches ganz mit Milben, die den grössten Teil der Flügeldecken bereits zerstört hatten, bedeckt war. Eine vorsichtige Behandlung mit Insektenpulver befreite das Tier zwar von seinen Peinigern, doch ging dasselbe nach einigen Tagen ebenfalls zu Grunde.

Beitrag zum Kapitel Cantharidin.*)

Als ich vor reichlich einem Jahrzehnt endlich zum Ziel gelangt war, das Cantharidin in sehr reinem Zustande darzustellen, und als ich nun vor die Aufgabe gestellt war, das wirksame Prinzip der Canthariden an Stelle dieser als blasenziehendes Mittel zu verwenden, fragte es sich, in welchem Verhältnis Cantharidin zu den Canthariden stehe. Hager giebt in seinem Handbuch der pharm. Praxis an, dass ein Teil Cantharidin 30 Teile Canthariden ersetze. Augenscheinlich war das nicht richtig, weil die Lytta vesicatoria bei der Fabrikation höchstens 0,5 % Cantharidin liefert und weil hierbei alles, auch das als Salz in den Käfern enthaltene Cantharidin, gewonnen wird, während bei der Anwendung von Cantharidenpulver nur das ungebundene Cantharidin von der Pflastermasse, oder vom Öl gelöst werden und in Frage kommen konnte.

---

*) Vorgetragen von Herrn Eugen Dieterich in der Sitzung der Pharmaceutischen Gesellschaft zu Berlin am 2. April 1891.

Wenn ich diese letzteren Verhältnisse nicht in Betracht zog und von der Gesamtmenge, nämlich 0,5 % Gehalt ausging (ich setzte dabei eine vortreffliche Qualität span. Fliegen voraus), so musste 1 Teil Cantharidin mindestens 200 Teile span. Fliegen ersetzen. Von diesem Verhältnis ging ich, als ich an die Zusammensetzung der Cantharidin-präparate herantrat, aus. Die Versuche konnten natürlich nur empirische sein, da eine wissenschaftliche Berechnung, vielleicht die Annahme obiger Verhältniszahl ausgeschlossen, nicht möglich war.

Es zeigte sich hierbei, dass man auf 1000 Teile einer weichen Pflastermasse oder Öl am besten 1 Teil Cantharidin nimmt. Die Blasenbildung tritt dann in 5 bis 6 Stunden, je nach Individualität, ein und verursacht nicht allzu grosse Schmerzen. Harte Pflastermassen, bei denen bekanntermassen nur die Oberfläche zur Wirkung kommt, erfordern auf dieselbe Menge 1,5 % Cantharidin. Durch Vermehrung des Cantharidins (ich ging bis auf 3 : 1000) wurde die Wirkungszeit bis auf 3 Stunden abgekürzt; dann waren aber die Schmerzen ganz unerträglich. Auch durch den Zusatz von Salicylsäure konnte die Zeitdauer abgekürzt werden. Versetzt man z. B. das offizinelle Empl. Cantharid. ordinar. mit 5 % Salicylsäure, so wird die Blase 1 bis 1 ½ Stunde früher gebildet, wie beim Pflaster ohne diesen Zusatz. Die Folge der Zeitabkürzung ist aber auch hier eine Vermehrung der Schmerzen. Es mussten schliesslich die Versuche, die Wirkung der Cantharidinpräparate auf eine möglichst kurze Spanne Zeit zu konzentrieren, wegen der daraus folgenden höheren Schmerzen aufgegeben werden. Es wurde hierbei eine Beobachtung gemacht, welche mir der Erwähnung wert zu sein scheint und vielleicht für das Liebreich'sche Verfahren von Wert ist. Man kann das Roh-Cantharidin auf zweierlei Weise reinigen, entweder durch Sublimieren oder durch Umkrystallisieren. Das erstere Verfahren ist sehr bequem auszuführen, belästigt die Umgebung wenig und liefert das Cantharidin in schönen weissen Nadeln, deren Länge oft über 10 mm beträgt. Diesem Cantharidin haftet stets ein scharfer Geruch an, den ich .nur durch Umkrystallisieren zu entfernen vermochte. Das Krystallisieren des Cantharidins ist eine sehr unangenehme Arbeit, besonders das Filtrieren der heissen Essigäther-lösung belästigt durch das gleichzeitige Verflüchtigen von Cantharidin die damit Arbeitenden in hohem Grade. Man erhält in der Regel blätterförmige Krystalle, die meist (auch beim besten Austrocknen) etwas nach Essigäther riechen.

Ich zog seinerzeit beide Cantharidinsorten, die sublimierte und die krystallisierte, zu den Versuchen heran und machte die eigentümliche Beobachtung, dass die Schmerzempfindung beim sublimierten Cantharidin durchgehends grösser war, wie beim krystallisierten. Ich führte dies auf die Möglichkeit, dass sich beim Sublimieren empyreumatische Zersetzungsprodukte bilden und dass diese die Ursache des eigentümlich scharfen Geruches sind, zurück. Ich schlug nach dieser Erfahrung den Weg der Krystallisation zur Reindarstellung des Cantharidins ein und gab die Sublimation, obwohl sie rascher und bequemer auszuführen ist, auf. Nach meiner Ansicht verdient das krystallisierte Cantharidin den Vorzug.

Während ich mich, wie ich Ihnen bereits mitteilte, bestrebte, die Zeit der Blasenbildung abzukürzen, fand ich durch Zufall ein Mittel, die Wirkung erheblich zu verringern, die Zeit der Wirkung zu verlängern und die begleitenden Schmerzen fast ganz zu beseitigen.

Wie Ihnen vielleicht bekannt ist, führte ich vor ungefähr 9 Jahren das Saponiment als dermatotherapeutische Arzneiform ein. Die ersten Versuche damit machten die Herren Unna in Hamburg und Letzel in München. Unna wünschte damals u. a. auch ein Cantharidin-Saponiment und beabsichtigte, es gegen Alopecia anzuwenden. Von meinem für weiche Massen als bewährt befundenen Verhältnis von $1:1000$ ausgehend, erhielt ich ein Präparat, welches nach der Mitteilung des Herrn Dr. Unna erst nach 25—30 Stunden wirkte, nicht aber grosse, vielmehr eine Unzahl kleine Blasen hervorgebracht, dabei aber nicht die geringsten Schmerzen verursacht hatte. Ich musste, da Unna eine raschere Blasenbildung wünschte, das Cantharidin erheblich vermehren und bis zum Fünffachen der zuerst angewandten Menge steigen. Nach meinen Erfahrungen sind auf 1 Teil Cantharidin 20 Teile Seife nötig, um die erwähnte Wirkung hervorzubringen.

Ich darf diese Beobachtungen kurz dahin zusammenfassen:

Salicylsäure beschleunigt und Seife verlangsamt die blasenziehende Wirkung des Cantharidins unter gleichzeitiger Vermehrung, bez. Verringerung der Schmerzen.

Mit diesem schliesse ich meinen Beitrag zum Kapitel Cantharidin; ich möchte mir nur noch die Mitteilung erlauben, dass die kürzlich durch Herrn Dr. Bosetti hier vorgelegten Japan-Canthariden (Epicauta gorrhami) in grösserer Masse bei mir eingetroffen sind und ich für Sammlungen gerne damit zu Diensten stehe.

Cera alba et flava.

Gelbes Wachs wurde im letzten Jahre 44 mal, weisses Wachs 3 mal untersucht; es wurden dabei folgende Durchschnittszahlen erhalten:

	Weisses Wachs	Gelbes Wachs
Spez. Gewicht bei 15° .	0,963 — 0,968	0,963 — 0,966
Säurezahl	18,6 — 19,0	18,2 — 21,6
Esterzahl	71,8 — 74,0	71,4 — 75,6
Verseifungszahl	90,8 — 92,6	90,0 — 97,2

Zwei Muster mussten zurückgewiesen werden auf Grund folgender Zahlen:

	Spez. Gew.:	Säurezahl:	Esterzahl:	Verseifungszahl:
1.	0,959	19,6	86,8	106,4
2.	0,959	17,7	69,0	86,7

Bei ersterem Muster sind Ester- und Verseifungszahl zu hoch, bei letzerem zu niedrig; in beiden Fällen weicht auch das spez. Gewicht zu weit von der Grenzzahl ab.

Das Deutsche Arzneibuch hat die Bestimmung der Säure- und Esterzahl nach Hübl's vortrefflichem Vorschlage leider nicht berücksichtigt, obwohl heutigen Tages wohl kein Sachverständiger eine Wachsuntersuchung ohne Ausführung dieses Prüfungsverfahrens vornehmen wird!

Die Art und Weise, in der ferner das Arzneibuch die Hager'sche Schwimmprobe zur Bestimmung des spez. Gewichtes ausführen lässt, kann nur ungenaue Ergebnisse zeitigen, da „ein Stückchen Wachs", wie wir bereits vor vier Jahren *) durch Zahlenbelege bewiesen haben, keine Gewähr dafür bietet, dass dasselbe auch luftfrei sei. Will man zu einwandfreien Zahlen gelangen, so muss man vielmehr in der von Hager **) angegebenen Weise Wachsperlen herstellen und diese 18—24 Stunden liegen lassen.

Eine neue Methode zur Bestimmung des spez. Gewichtes von Wachsarten, weiter von Harzen und harten Fetten durch Titrieren ist von Gawalowski ***) angegeben worden; dieselbe soll bei Verwendung

---

*) Helfenb. Annalen 1886. S. 11.
**) Helfenb. Annalen 1888. S. 31.
***) Pharm. Zeitung 1890. S. 427.

grösserer Mengen des zu untersuchenden Stoffes exakt und jeder anderen spez. Gewichtsbestimmungsart vorzuziehen sein. Nach dem Verfasser stellt man sich aus dem betreffenden Wachs ein etwa 1—1,5 cm langes und 0,5 cm im Durchmesser betragendes, cylindrisches Stäbchen durch Ausgiessen in eine kleine Gussform her, bestimmt das Gewicht desselben genau und bringt das Stäbchen in einen bei 15^0 geaichten Kolben mit möglichst engem Hals, welcher bis zu der darin angebrachten Marke eine genau ermittelte Wassermenge fasst, so hinein, dass dasselbe auf dem Boden des Kolbens sich in horizontaler Lage befindet. Man lässt nun aus einer genau eingeteilten Bürette Wasser von 15^0 in das Kölbchen fliessen, bis die im engen Halse angebrachte Marke erreicht ist, wobei sich das Stäbchen quer vor die Halsverengung legen muss, und liest die verbrauchte Menge Wasser ab. Das spez. Gewicht berechnet man alsdann nach der Formel:

$$S \text{ (spez. Gew.)} = \frac{A}{W \cdot w},$$

in welcher A das Gewicht des Wachsstäbchens, W den Fassungsraum des Kölbchens und w die verbrauchten Raumteile Wasser bezeichnet.

Wir haben nach diesem Verfahren verschiedene Versuche angestellt und gefunden, dass dasselbe, wenn man mit peinlicher Vorsicht arbeitet, allerdings Zahlen ergiebt, welche mit denen der (richtig ausgeführten) Hager'schen Schwimmprobe genügend übereinstimmen; trotzdem können wir demselben den Vorzug vor der letzteren nicht geben, sondern müssen die Hager'sche Schwimmprobe für praktischer und einfacher erklären aus folgenden Gründen:

a) Die Beobachtungstemperatur von 15^0 lässt sich bei einem Becherglase viel leichter genau innehalten, als bei einer Bürette, aus welcher das Wasser tropfenweise mit derselben Temperatur in ein Kölbchen gelangen soll. Hier muss man schon einen Arbeitsraum von 15^0 Wärme zur Verfügung haben.

b) Der kleine Wachscylinder bietet weit weniger Sicherheit für das völlige Freisein von Luftbläschen, als die Hager'schen Wachsperlen; von letzteren kann man eine ganze Anzahl zugleich der Beobachtung unterwerfen und sich dabei nach dem Verhalten der Mehrzahl richten.

c) Versuchsfehler fallen ganz bedeutend ins Gewicht, denn angenommen, man habe sich beim Eintröpfeln in der Einstellung nur um einen einzigen Tropfen $= 0,05$ ccm geirrt, so findet man, wenn der Inhalt des Kolbens zu 50,20 ccm, das Gewicht des Wachsstäbchens zu **0,605** und die verbrauchte Wassermenge zu 49,55 ccm ermittelt wurde, anstatt 0,930 spez. Gew.: 0,864 und 1,00!

Ein neues Verfahren zur Untersuchung des Bienenwachses ist von A. P. Buisine[*]) angegeben worden, das eine genaue Bestimmung sämtlicher Bestandteile anstrebt. Zu diesem Zwecke werden bestimmt: 1. die freien Säuren, 2. die Gesamtsäuremenge, 3. die ungesättigten Ölsäuren, 4. die Alkohole, 5. die Kohlenwasserstoffe.

Erfahrungen über diese Methode liegen noch nicht vor, nur in jüngster Zeit treten Benedikt und Mangold[**]) dafür ein, da sich mittelst derselben Zusätze von weniger als $6\,^0/_0$ Ceresin nachweisen lassen, welche das Hübl'sche Verfahren zu erkennen nicht gestattet.

Benedikt und Mangold bringen zugleich eine Abänderung des Hübl'schen Verfahrens, auf welche wir später zurückzukommen hoffen.

Chartae.

Charta exploratoria.

Obwohl unser Vorschlag, von den Reagenzpapieren eine bestimmte — es braucht dies ja nicht die höchst erreichbare zu sein — Empfindlichkeit zu verlangen, sich der Zustimmung und Unterstützung weiter Kreise erfreut hat, so dass heutigen Tages ein azurblaues oder zwiebelrotes Papier nur noch bei Nichtchemikern Abnahme findet, so hat doch das Deutsche Arzneibuch den alten, primitiven Zustand festgehalten; denn die Angabe, dass zur Herstellung von Reagenzpapieren „mässig konzentrierte Farbstofflösungen zu verwenden seien" bessert natürlich an dem bisherigen Zustande ebensowenig, wie die Forderung, dass die zur Herstellung des roten Lakmuspapieres erforderliche Flüssigkeit durch Zusatz von Schwefelsäure gerötet sei!

Wer also dem Wortlaute des Arzneibuches und seiner persönlichen Auslegung des Begriffes „mässig konzentriert" folgend, sein Lakmuspapier bereitet, der dürfte unter Umständen unangenehme Erfahrungen

---

[*]) Apoth.-Zeitung 1890. S. 390.
[**]) Chem. Zeitung 1891. No. 28. S. 474.

bei der Prüfung seiner neutralen Liquores seitens eines Revisors machen, der über jene Begriffe andere Ansichten hat!

Wir sind im vergangenen Jahre auf der betretenen Bahn in sofern fortgeschritten, als wir auch das Stärkepapier und das Jodkaliumstärkepapier auf seine Empfindlichkeit ziffernmässig geprüft haben; wir fanden dabei, dass ersteres noch auf eine Lösung von 1 J : 25 000 Wasser, letzteres von 1 Cl : 30 000 Wasser so reagiert, dass es für die Praxis noch genügend deutlich erscheint.

Weiterhin haben wir einige Versuche zur Herstellung von empfindlichem Blau- und Rotholzpostpapier gemacht, haben aber keine befriedigenden Ergebnisse erzielen können, da sich die Papiere während des Trocknens blau bez. rot färbten. Ein vorheriges Behandeln der Papiere mit verdünnten Säuren oder ein Ansäuren der betreffenden Lösungen führte zu keinem besseren Erfolge; wir sind daher wie bisher bei den betreffenden Filtrierpapieren stehen geblieben.

Das Lakmoidpapier fand im vergangenen Jahre lebhafte Empfehlung seitens Förster's,*) der sich bemühte, einen reinen Lakmoidfarbstoff aus dem käuflichen Präparate herzustellen und diesen als vorzüglich geeignet zum Titrieren ammoniakhaltiger Flüssigkeiten und zur Herstellung eines empfindlichen Papieres empfahl. Da wir vor einigen Jahren**) ein ungünstiges Urteil über das Lakmoidpapier gefällt hatten — wir konnten seine Empfindlichkeit gegen H Cl nur auf 1 : 12 000 bringen —, und dies aus käuflichem Lakmoid bereitet worden war, so haben wir unsere Versuche wiederholt, jedoch mit dem Unterschiede, dass wir nicht vom käuflichen Lakmoid ausgingen, sondern dass wir uns das letztere nach den Angaben Traub's***) aus reinem Resorcin und reinem Kaliumnitrit selbst herstellten. Nach dem Vorschlage Bosetti's,†) der das Lakmoid bereits vor fünf Jahren als vorzüglich geeigneten Indikator bei Gegenwart von Ammoniak und Ammoniaksalzen empfahl, versetzten wir die Lösung der Schmelze mit Salzsäure, wuschen den entstandenen Niederschlag aus und trockneten denselben bei gelinder Wärme. Ein mit diesem Farbstoff unter Zusatz der nötigen Menge Säure hergestelltes Papier zeigte allerdings eine Empfindlichkeit von 1 : 60 000, allein gleich Förster mussten wir die Beobachtung machen, dass sich der empfindliche Farbenton nur ganz kurze Zeit hielt und in Blau überging. Das

---

*) Zeitschr. f. angew. Chemie 6 durch Südd. Apoth.-Ztg. 1890. No. 14.
**) Helfenb. Annalen 1888. S. 51.
***) Arch. Pharm. 1885. S. 27.
†) Chem.-techn. Centralanzeiger 1886. S. 650.

Lakmuspapier ist demnach dem Lakmoidpapier in der praktischen Verwendbarkeit überlegen.

Ein Reagenspapier zum Nachweis von Chloriden wurde von Hogvliet[*]) vorgeschlagen. Dasselbe wird dermassen bereitet, dass man eine Lösung von Kaliumchromat mit Silbernitratlösung versetzt, den Niederschlag mit Ammoniak in Lösung bringt, mit dieser Lösung Filtrierpapier tränkt und letzteres noch feucht durch eine sehr verdünnte Salpetersäure zieht. Da durch die letztere Vornahme das Silberchromat wieder ausgefällt wird, so erhält man ein Papier von gleichmässig roter Färbung, die in eine weisse von gebildetem Silberchlorid übergeht, wenn man das Papier in eine chloridhaltige Lösung taucht. Hogvliet beziffert die Empfindlichkeit dieses Papieres auf 3 Nacl : 10 000 H^2O.

Wir haben diese Angaben nachgeprüft und können sie nur bestätigen; allerdings muss man, um die angegebene Empfindlichkeit zu erreichen, die Silberchromatlösung stark verdünnen und weiterhin beim Gebrauche das Papier einige Male hindurchziehen. Zum Nachweis von Chloriden in Lösungen, welche freies Ammoniak oder freie Salpetersäure enthalten, ist das vorstehend beschriebene Papier natürlich nicht verwendbar.

Reagenspapiere zum Nachweis von Metallen.

Der Vorschlag, Papier in einer ähnlichen Weise wie das Lakmuspapier zum Nachweis gewisser Substanzen zu benützen, ist schon häufig aufgetaucht, ohne dass sich derartige Papiere, mit wenigen Ausnahmen, einen dauernden Eingang verschafft hätten. Wir wollen hier ununtersucht lassen, ob hieran der Mangel eines Bedürfnisses schuld ist, oder ob nicht vielmehr das Fehlen jedes Anhaltes über die Empfindlichkeit derartiger Papiere und die dadurch erzeugte Unsicherheit im Gebrauche derselben den grössten Anteil daran hat, jedenfalls schien uns doch die Bequemlichkeit der Anwendung, die derartige Papiere für sich haben, Veranlassung genug, um einen Versuch nach der gedachten Richtung hin zu unternehmen.

Zur Untersuchung gelangten Ferrocyankalium-, Ferricyankalium-, Rhodankalium-, Kaliumchromat-, Jodkalium- und Schwefelzinkpapier. Zur Herstellung der ersteren fünf Papiere wurde Filtrierpapier mit der Lösung (1 : 250) der betreffenden Salze getränkt, Postpapier damit bestrichen; das Schwefelzinkpapier wurde in der Weise bereitet, dass eine

---

[*]) Apoth.-Zeitung 1890. No. 26.

- 19 -

ammoniakalische Zinksulfatlösung mit Schwefelwasserstoff gefällt und das ausgewaschene und mit Wasser zum dünnen Brei angerührte Schwefelzink auf Filtrierpapier und Postpapier aufgestrichen wurde. Die Prüfung eines solchen Papieres führten wir so aus, dass wir das mit Filtrierpapier bereitete Reagenspapier 1—2 Sekunden lang in die betreffende Salzlösung eintauchten und sodann die Färbung beobachteten. Das mit Postpapier hergestellte Reagenspapier betupften wir mit 1 bis 2 Tropfen der Salzlösung und betrachteten auch hier nach 1—2 Sekunden die Färbung.

Die erhaltenen Ergebnisse veranschaulicht die folgende Zusammenstellung, in welcher die Zahlen die nachweisbare Verdünnung, auf Metall bezogen, angeben. Die Klammer schliesst das zum Versuch benützte Salz ein. Naturgemäss sind die folgenden Zahlen immer nur als annähernde Werte aufzufassen.

	Fe $(Fe''Cl^6)$	Cu $(CuSO^4 + 5H \cdot O)$	Fe $(FeSO^4 + 7H^2O)$	Pb $(PbAc)$	Bi $[Bi(NO^3)^3 + 5H^2O]$	Ag $(AgNO^3)$	Hg $(HgCl^2)$
Ferrocyankaliumpapier							
a) auf Filtrierpapier	25000	2000	—	—	—	—	—
b) auf Postpapier . .	1000	300	—	—	—	—	—
Ferricyankaliumpapier							
a) auf Filtrierpapier	—	—	40000	—	—	—	—
b) auf Postpapier . .	—	—	15000	—	—	—	—.
Rhodankaliumpapier							
a) auf Filtrierpapier	5000	—	—	—	—	—	—
b) auf Postpapier . .	5000	—	—	—	—	—	—
Jodkaliumpapier							
a) auf Filtrierpapier	—	—	—	500	7000	1000	—
b) auf Postpapier . .	—	—	—	—	100	100	—
Kaliumchromatpapier							
a) auf Filtrierpapier	—	—	—	2000	—	3000	—
b) auf Postpapier . .	—	—	—	50	—	50	—
Schwefelzinkpapier							
a) auf Filtrierpapier	—	15000	—	15000	7000	8000	1200
b) auf Postpapier . .	—	15000	—	15000	3000	8000	1200

Die vorstehenden Zahlen sind teilweise so hoch, dass sie zur Verwendung derartiger Papiere ermutigen.

Charta sinapisata.

Wenn irgend etwas, so lehrt der Artikel „Senfpapier“, wie weit das Deutsche Arzneibuch hinsichtlich der galenisch-pharmazeutischen Präparate hinter den berechtigten Forderungen der Gegenwart zurückgeblieben ist! Der Wortlaut der Ph. G. II, deren Forderungen von uns seit Jahren als völlig ungenügend gekennzeichnet worden sind, ist vom Arzneibuche herübergenommen worden ohne einen Zusatz, welcher der vermehrten Leistungsfähigkeit der Technik Rechnung trüge!

Die Untersuchung des Senfpapieres nach dem bisher von uns geübten Verfahren lieferte folgende Zahlen:

Senfmehlmenge auf 100 ☐ cm Senfpapier	Senföl nach 10 Minuten auf 100 ☐ cm Senfpapier	% Senföl auf Senfmehl berechnet
2,44	0,0352	1,39
2,41	0,0356	1,46
3,17	0,0413	1,30
2,06	0,0219	1,06
2,21	0,0253	1,14
1,96	0,0236	1,21
1,82	0,0215	1,17
2,20	0,0348	1,57
2,14	0,0260	1,21
3,00	0,0538	1,79
2,08	0,0206	0,99
1,72	0,0206	1,19
1,72 — 3,17	0,0206 — 0,0538	0,99 — 1,79

Die Zahlen bewegen sich sämtlich in den von uns früher*) festgesetzten Normalgrenzen.

Eine Reihe von Untersuchungen nach dem Helfenberger Verfahren sind im vorigen Jahre von Traxler**) und von Kottmeyer***) ausgeführt

---

*) Helfenb. Annalen 1888. S. 54.
**) Pharm. Post 1890. S. 751.
***) Pharm. Post 1891. S. 31.

worden. Von den von Traxler untersuchten namhaft gemachten Handelssorten zeigte das Helfenberger Fabrikat die niedrigsten Zahlen, während
ein anderes Muster deutscher Herkunft die höchsten Werte aufwies.
E. Dieterich führte jedoch in einer Erwiderung*) den Beweis, dass das
von Traxler untersuchte Helfenberger Fabrikat durch unzweckmässiges
Lagern gelitten haben musste, indem er darthat, dass jenes andere, so
vorzüglich befundene deutsche Fabrikat aus Helfenberg stammte.

Eine neue Methode zur Bestimmung des Senföles im Senfmehl ist
von Crouzel**) angegeben worden, der das Senföl mit Wasser abdestillieren,
im Destillat mit Äther ausschütteln und den letzteren verdunsten lässt.
Das Verfahren ist in Anbetracht der Flüchtigkeit des Senföles offenbar
so unzweckmässig, dass wir eine weitere Beschäftigung damit als unnötig
erachten mussten.

*　　*　　*

Wir haben in früheren Veröffentlichungen darauf hingewiesen, dass
die wesentlichste Bedingung zur Herstellung eines guten Senfpapieres
die Verwendung völlig entölten Senfmehles bildet. Einerseits nämlich
verlangt ein nicht genügend entöltes Senfmehl zur Befestigung auf dem
Papiere eine weit grössere Menge Kautschuk, als ein völlig entöltes,
letztere aber arbeitet dem Eintreten einer sofortigen und energischen
Wirkung, wie man dieselbe vom Senfpapier verlangen muss, entgegen,
andrerseits ist ein Gehalt an fettem Öl die Ursache, wenn das Senfpapier trotz guter Aufbewahrung in seiner Wirkung nachlässt.

Wir haben uns nun bemüht, ein Verfahren ausfindig zu machen,
welches in Ergänzung der bisher von uns veröffentlichten Untersuchungsmethoden gestattet, auch das fette Öl im Senfpapier gewichtsanalytisch
zu bestimmen, um so einen Anhaltspunkt zur vorherigen Beantwortung
der Frage, ob ein Senfpapier seine Wirkung dauernd bewahren wird
oder nicht, zu gewinnen.

Die Trennung reiner Kautschuklösung von fettem Senföl ist uns
nun zwar in völlig befriedigender Weise gelungen, bei Versuchen mit
Senfpapier zeigte sich jedoch, dass die Verhältnisse hier anders liegen
mussten, indem offenbar die Einwirkung der Luft auf das Gemisch von
Senfmehl und Kautschuk Veränderungen des letzteren hervorgerufen
hatte, denen erst neue Versuche Rechnung tragen mussten.

---

*) Pharm. Post 1890. S. 846.
**) Pharm. Post 1891. S. 160.

Wir hoffen hierüber später berichten zu können; für heute begnügen wir uns mit Angabe einer qualitativen Reaktion, welche zur Beurteilung eines Senfmehles nach der gedachten Richtung hin einen guten Anhalt zu gewähren vermag. Dieselbe beruht darauf, dass die Lösung des fetten Senföles in Petroleumäther eine gelbe Farbe besitzt, die sich auch bei verhältnismässig geringen Mengen noch deutlich bemerkbar macht:

„Kocht man 1,0 des vom Senfpapier abgeschabten Mehles in einem Probierrohre von 20 mm Weite mit 10 ccm Petroleumäther eine halbe Minute lang und stellt kurze Zeit beiseite, so darf die über dem Senfmehl stehende Flüssigkeit, auch wenn man das Probierrohr gegen einen weissen Untergrund hält, nicht gelb gefärbt erscheinen."

Chromleim - Papier und Chromleim - Taffet.*)
(Sogen. Christia bez. Fibrine - Christia.)

Ein neuer Verbandstoff wird stets die Aufmerksamkeit der beteiligten Kreise auf sich lenken und dies um so mehr thun müssen, je mehr ihm glänzende Eigenschaften nachgerühmt werden. In letzterer Beziehung fordert die Christia (benannt nach dem Verfertiger Christy in London) unser Interesse allerdings geradezu heraus; denn während bereits seit ungefähr einem Vierteljahrhundert Tausende von Mark in verschiedenen Ländern (darunter Deutschland) ausgesetzt sind als Prämien für den Glücklichen, welcher einen Ersatz für Kautschuk oder Guttapercha erfinden würde, und während diese Preise bis jetzt mangels Erfinders noch nicht verteilt werden konnten, taucht plötzlich ein Verbandstoff auf, welcher uns das Längsterwünschte ohne alle Umstände in den Schoss wirft. So wenigstens muss man nach den Versicherungen des der Christia beigegebenen Prospektes urteilen. Darnach werden das Guttaperchapapier, Silk protective, Billroth-Battist, Wachstaffett, Gummi-Betteinlagen u. s. w. durch die Cristia ersetzt oder sind bereits in Gefahr, durch dieselbe verdrängt zu werden. Nach der gleichen Quelle besteht die Christia aus den Fasern des Manilahanfes, derartig getränkt und behandelt, dass dieselben vollkommen unlöslich und wasser-, wie spiritusdicht gemacht werden. Die Fibrine-Christia hat an Stelle der Hanffasern ein feines Seidengewebe zur Grundlage, ist aber im Uebrigen ganz so, wie die einfache Christia behandelt.

---

*) Mitgeteilt Pharm. Centralhalle 1891. S. 193.

Für die eigentümliche Behandlung der Hanf- oder Seidenfasern hat der Erfinder die treffende Bezeichnung „Christianisieren" gewählt.

Die Herren Töllner & Bergmann in Bremen hatten die Güte, mir Proben der Christia zu überlassen. Es sei mir nun gestattet, den Befund meiner Versuche hier mitzuteilen:

Die Farbe der Christia stellte sich meinen Augen im Gegensatz zum Prospekt, der sie als braun bezeichnet, als schmutzig grün dar. Der Stoff ist durchscheinend und bringt beim Anfassen ein kältendes Gefühl hervor, ist geruchlos, schmeckt aber stark süss.

Während die Farbe an belichteten Chromleim erinnerte, liess der süsse Geschmack Zweifel aufkommen an der Indifferenz gegen Wasser. Die vorgenommenen Vorversuche deuteten ohne Ausnahme auf einen mit Glycerin geschmeidig gemachten Chromleim hin. In diesem Falle konnte aber der Stoff weder wasser-, noch spiritusdicht sein, im Gegenteil musste er osmotische Eigenschaften besitzen. Ein diesbezüglicher Versuch zeigte denn, dass sich die Christia gut als Membran zur Dialyse eignet sowohl für wässerige, als auch für weingeistige Flüssigkeiten, somit aber auf den Vorzug, wasser- oder spiritusdicht zu sein, verzichten muss. Empfindliches rotes Lackmuspapier wurde durch die Christia schwach gebläut.

Um die Zusammensetzung der „Christianisierung" nachzuweisen, wurde folgendes Verfahren eingeschlagen:

a) durch Trocknen bei 100^0 wurde die Feuchtigkeit festgestellt;

b) durch Ausziehen mit Wasser wurden das Glycerin und etwa vorhandene Salze für sich gewonnen;

c) der in Wasser unlösliche Chromleim wurde durch $30^0/_0$ Essigsäure und durch Erhitzen damit ausgezogen;

d) die blossgelegte Faser wurde gewogen und unter dem Mikroskop bestimmt.

Auf diese Weise wurden bei beiden Stoffen nachstehende, auf 100 Teile berechnete Zahlen gewonnen:

	Christia		Fibrine - Christia	
	a	b	I dichtes Gewebe	II Gaze
Verlust bei 100^0	16,0	16,5	16,0	17,2
In Wasser löslich	29,0	29,0	26,5	30,0
Glührückstand des Wasserlöslichen (auf das in Wasser Gelöste berechnet)	6,81	6,25	6,75	—
In heiser Essigsäure von $30^0/_0$ löslich . .	26,0	29,5	48,0	48,5
Zurückbleibende Faser	29,0	25,0	9,5	4,3
	Papier.		Seide.	

Die Asche enthielt in der Hauptsache Kalisalz, ziemlich viel Calcium und in geringen Mengen (wahrscheinlich als Verunreinigungen) Chromoxyd, Natrium, Schwefelsäure und Chlor.

Die Faser der Christia war nicht Manilahanf, wie der Prospekt vorgiebt, sondern Holz - Cellulose, wahrscheinlich Mitscherlich - (Sulfit)- Cellulose. Die Unterlage bildet anscheinend sogenanntes imitiertes Pergamentpapier.

Die Fibrine - Christia hatte thatsächlich Seide als Unterlage, und zwar die Sorte a Florence und b eine sehr feine Seidengaze.

Zwischen beiden Stoffen, nämlich der Christia und der Fibrine- Christia besteht weiterhin ein Unterschied nur im Glyceringehalt, sofern die Fibrine davon weniger, wie das Papier enthält.

Die ungleichmässige Verteilung der Masse auf dem Papier ist die Ursache, dass bei den Bestimmungen a und b die Papierzahlen in ver- schiedenem Verhältnisse zu den übrigen Bestandteilen stehen.

Obwohl die Verkäufer des neuen Stoffes die Patentierung (wo? E. D.) betonen, und obwohl damit — die Richtigkeit jener Behauptung vorausgesetzt — eine Fabrikation von anderer Seite ausgeschlossen ist, so war trotzdem der Versuch der Herstellung, da er als Kontrolle der Analyse gelten durfte, nicht uninteressant.

Ich habe schon vor 20 Jahren Chromleim zu allen möglichen Zwecken versucht und konnte die damals gesammelten Erfahrungen heranziehen. Vor allem durfte ich mir dadurch die Bestimmung des Chroms ersparen, da mir die Verhältnisse von Kalium- oder Ammonium- Bichromat zu Leim bereits bekannt waren. Ich stellte mir nun auf Grund dieser Erfahrungen und obiger Analysenergebnisse folgende Masse her:

30,0 Gelatine (ev. Leim)

liess ich in

200,0 Wasser

aufquellen, brachte dann die Gelatine durch Erhitzen zum Lösen und setzte der noch heissen Masse

30,0 Glycerin von 30^0

und schliesslich

3,0 Kaliumbichromat, fein zerrieben,

zu.

Mit dieser Masse bestrich ich ein dünnes imitiertes Pergament- papier (40—45 g pro 1 qm) auf einer und nachdem dieser Strich ge- trocknet war, auch auf der anderen Seite und belichtete dann das

Papier. Die anfänglich gelbliche Farbe ging dadurch in ein schmutziges Grün über.

Ich wiederholte die Versuche 4 mal, und zwar mit verschiedenen Stärken des imitierten Pergamentpapieres, konnte aber bei der Nummer von dem oben angegebenen Gewicht als der geeignetsten stehen bleiben. Die Probe entspricht dem Original in jeder Weise, ja ihr Aussehen ist sogar noch hübscher, sie liefert also für die Richtigkeit der Analyse die Bestätigung.

Seidengewebe habe ich nicht zu den Versuchen verwendet, weil das Gelingen nach den bereits erzielten Resultaten ausser Zweifel stand. Ich würde in diesem Falle, der Analyse entsprechend, statt 30,0 nur 25,0 Glycerin zur Masse genommen haben.

Das Urteil über die Christia beider Formen lässt sich folgendermassen zusammenfassen:

Sie giebt über 25 % an Wasser und an Weingeist ab und lässt wässerige und weingeistige Flüssigkeiten diffundieren. Von dem schon so lange gesuchten und immer noch nicht erfundenen Ersatz des Kautschuk und der Guttapercha kann keine Rede sein, ebenso wenig kann die Christia mit Billroth-Battist, Wachstaffet, Protective Silk u. s. w. in die Schranken treten. Die Christia ist weder wasser- noch spiritusdicht und leistet nicht mehr und nicht weniger, wie ein mit Glycerin geschmeidig gemachtes Pergamentpapier.

Berücksichtigt man hierbei noch, dass die nach den Angaben des Verfertigers verwendete Manilahanffaser ebenfalls nur auf dem Papiere existiert, so bleibt von den Versprechungen so wenig übrig, dass man dem neuen Verbandstoff, dessen Benennung als „Chromleim-Papier" und „Chromleim-Taffet" mir passender erscheint, als „Christia", eine besondere Zukunft nicht wird prophezeien können.

Eugen Dieterich.

Emplastra.

Über Pflasteruntersuchung.*)

Seitdem die Dermatologie die fast zu Volksheilmitteln herabgesun-
kenen Salben und Pflaster in den verschiedensten Formen wieder zu
Ehren gebracht und ihrer Anwendung eine wissenschaftliche Grundlage
gegeben hat, hat die Herstellung der Pflaster für den Arzt, besonders
aber für den Apotheker eine erhöhte Bedeutung gewonnen. Unter
diesen Präparaten war es vor allem das Heftpflaster, dessen wunder
Punkt, das Zurückgehen der Klebkraft, die Erfindungsgabe der Prak-
tiker seit langem in Anspruch genommen und eine Menge von Vorschriften gezeitigt hat. Sie konnten samt und sonders zu einer befriedigenden Lösung der Frage nicht führen, weil die Ursachen jener Missstände in anderen Verhältnissen, als in der Beimengung dieses oder
jenes Körpers zum Bleipflaster begründet waren. Zwar hatte man
längst die Beobachtung gemacht, dass ein frisch gekochtes Bleipflaster
sich schlecht zur Bereitung von Heftpflaster eignete und weiter, dass
eine Heftpflastermasse um so besser klebte, je älter sie war. Während
man früher an die Zersetzung von Glycerin oder an sonstige feinorga-
nisierte Veränderungen dachte, weiss man seit noch nicht zu langer
Zeit, dass es sich nur um ein einfaches Austrocknen, also um die Ver-
dunstung einer bestimmten Menge Wassers, die entweder noch nicht
völlig weggekocht oder vielleicht auch wieder hineinmalaxiert war, han-
delte. Auch die Erkenntnis dessen, dass das beim Bleipflasterkochen
gebildete Glycerin geeignet ist, viel Wasser zu binden und dass die
Grundbedingung zur Erhaltung eines wasserfreien Bleipflasters die Ent-
fernung des Glycerins sein muss, ist noch nicht zu alt. Heute allerdings, in einer Zeit, in welcher gestrichene Pflaster Handelsware geworden sind und in welcher man an diese Handelsware die höchsten
Anforderungen, besonders in Bezug auf Haltbarkeit, zu stellen gewohnt
ist, heute weiss man, dass das Bleipflaster durch Auswaschen vom Glycerin und durch Erhitzen vom Wasser befreit werden muss. Heute
weiss man auch, dass die vorzügliche Qualität der in Fabriken hergestellten Pflaster, die kürzlich sogar von einem hervorragenden preussi-
schen Apotheken-Revisor, Herrn Medizinal-Assessor Feldhaus, eine öffent-

---

*) Vorgetragen von Eugen Dieterich in der Sitzung der Pharma-
ceutischen Gesellschaft zu Berlin am 2. April 1891.

liche Anerkennung*) fanden, einzig und allein auf die Verwendung eines glycerin- und wasserfreien Bleipflasters, wenigstens insoweit, als es sich um die Zusammensetzung und nicht um technische Einrichtungen handelt, zurückzuführen ist.

Das Deutsche Arzneibuch hat diesen Thatsachen in dankenswerter Weise Rechnung getragen durch die Bestimmung, dass das Bleipflaster durch Auswaschen vom Glycerin und „durch längeres Erwärmen im Dampfbad" vom Wasser befreit werde, eine Forderung, die zwar gut gemeint, deren Fassung jedoch in ihrem letzten Teil ganz sicher nicht dem Boden praktischer Versuche entsprossen ist. Denn unter Erwärmen versteht man eine Temperatur bis höchstens 38°, also Blutwärme; eine solche ist aber nicht einmal im stande, Bleipflaster in geschmolzenem Zustand zu erhalten, viel weniger denn das darin enthaltene Wasser zum Verdunsten zu bringen. Hierzu bedarf es vielmehr des Erhitzens mittels gespannter Dämpfe, d. h. der Verwendung von Hilfsmitteln, über welche das pharmazeutische Laboratorium durchschnittlich nicht verfügt. Im offenen Dampfbad erzielt man ein leidliches Ergebnis nur dann, wenn man jenes „Erwärmen" des Arzneibuches in „Erhitzen" verwandelt und das Verdampfen des Wassers durch flottes Rühren und durch zeitweiligen Zusatz von starkem Weingeist unterstützt. Was hier für das Bleipflaster gefordert wird, das gilt selbstverständlich auch mehr oder minder für alle jene Zusammensetzungen, deren Körper das Bleipflaster bildet.

Um nun zu erfahren, inwieweit man mit den in einer Fabrik vorhandenen technischen Hilfsmitteln im stande ist, durch Erhitzen das Wasser aus dem Pflaster zu entfernen, liess ich in Bleipflastern, welche zu verschiedenen Zeiten bei mir hergestellt worden waren, und in jenen Zusammensetzungen, welchen das Bleipflaster als Grundlage dient, den Wassergehalt feststellen. Die Bestimmung erfolgte derart, dass 1 g Pflaster in einem flachen Platinschälchen bei 100° bis zum gleichbleibenden Gewicht getrocknet wurde. Um vergleichen zu können, ob die Fabrik in ihren Leistungen mit den Erzeugnissen der Apotheken gleichen Schritt halte, liess ich die in Betracht kommenden Pflaster in 14 Apotheken zweier Grossstädte kaufen und diese gleichfalls einer Prüfung auf Wassergehalt unterwerfen.

---

*) Feldhaus. Die Apothekergesetze in Preussen. S. 103.

Emplastrum	Helfen-berg	Wassergehalt in 100 Teilen:												
		I	II	III	IV	V	VI	VII	VIII	IX	X	XI	XII	XIII
Plumbi	1,4	4,7	3,5	5,7	3,1	7,5	5,8	3,1	6,5	7,7	6,2	7,1	4,1	4,9
„	0,7	—	—	—	—	—	—	—	—	—	—	—	—	—
„	1,3	—	—	—	—	—	—	—	—	—	—	—	—	—
„	1,0	—	—	—	—	—	—	—	—	—	—	—	—	—
„	1,3	—	—	—	—	—	—	—	—	—	—	—	—	—
„	1,3	—	—	—	—	—	—	—	—	—	—	—	—	—
„	0,9	—	—	—	—	—	—	—	—	—	—	—	—	—
„	1,4	—	—	—	—	—	—	—	—	—	—	—	—	—
Plumbi comp.	1,5	7,5	7,0	5,5	2,3	9,6	4,7	8,8	6,4	4,7	6,0	3,9	—	5,0
adhaesiv.	1,2	4,0	1,1	3,3	3,6	3,6	4,2	4,1	1,9	—	—	—	—	—
Cerussae	1,5	1,5	2,9	1,2	3,6	2,6	3,0	2,7	3,5	4,0	6,7	1,7	2,6	2,1
saponatum	3,1	7,5	4,8	5,0	3,8	5,7	5,1	6,2	5,2	5,8	5,6	5,2	4,4	5,1

Aus den gewonnenen Zahlen kann ich Ihnen mitteilen, dass acht Sorten Bleipflaster Helfenberger Fabrikation einen Wassergehalt von 0,7—1,4 % hatten und dass er bei den aus den Apotheken gekauften Pflastern zwischen 3,1 und 7,7 % schwankte. Ähnlich ist das Verhältnis auch bei den Zusammensetzungen. Ohne irgend welche Schlussfolgerungen an diese für die Grossindustrie so günstigen Ergebnisse knüpfen zu wollen, darf ich mir dagegen gewiss zu betonen erlauben, dass die Vorschrift des Arzneibuches zur Herstellung eines Bleipflasters mit den von ihm verlangten Eigenschaften unzureichend ist und dass beim Eindampfen auf offenem Dampfbad die volle Hitze desselben und zeitweiliger Weingeistzusatz angewandt werden, muss. Geschieht dies, dann wird man auch im Apothekenlaboratorium ein Bleipflaster erhalten, das dem fabrikmässig erzeugten nahe steht, und wird damit ein Heftpflaster von den hohen Eigenschaften, wie sie heute gefordert werden, bereiten können.

Eine besondere Beleuchtung erfahren diese meine Erörterungen dadurch, dass das Arzneibuch die Farbe und das Aussehen des wasserfreien Bleipflasters und auch des Seifenpflasters unrichtig angiebt; ein wasserfreies Bleipflaster ist licht grauweiss im gegossenen Zustand und wird eine Kleinigkeit heller, wenn man es bei Vermeidung von Wasser malaxiert. Das Arzneibuch schreibt aber „gelblichweiss" vor; diese Färbung ist nur einem wasserhaltigen Pflaster eigen. Mischt man dem nahezu wasserfreien Präparat 5 % Wasser hinzu, so erhält man ein

Pflaster von gelblichweisser Farbe. Es kann demnach der Pharmakopöe-Kommission bei Feststellung der Farbe nur ein stark wasserhaltiges Pflaster vorgelegen haben. Ähnlich liegen die Verhältnisse beim Seifenpflaster. Um hier die vorschriftsmässige Farbe zu erzielen und um nicht gegen das Arzneibuch zu verstossen, lässt die Helfenberger Fabrik absichtlich 2 $^0/_0$ Wasser zusetzen. Daher ergiebt, wie die Tabelle zeigt, die Bestimmung beim Helfenberger Seifenpflaster einen Wassergehalt von **3,1** $^0/_0$.

Über die Prüfung der Pflaster auf Glycerin hoffe ich später berichten zu können, heute will ich nur erwähnen, dass es mir bis jetzt noch nicht gelungen ist, durch Auswaschen alles Glycerin aus dem Bleipflaster zu entfernen. Während man annimmt, dass das Glycerin durchschnittlich zu 12 $^0/_0$ in den Glyceriden enthalten sei, konnte ich, auf das angewandte Fett und Öl berechnet, im höchsten Fall 10 $^0/_0$, durchschnittlich 8 $^0/_0$, rohes Glycerin von **30** ^{0} auswaschen.

Die selbsthergestellten und aus Apotheken bezogenen Pflaster habe ich nach Gattungen zusammengestellt und erlaube mir, Ihnen diese kleine Sammlung hier vorzulegen.

Extracta.

Wer etwa geglaubt hat, dass nach den vielen und fleissigen Arbeiten der letzten Jahre hinsichtlich der Extrakte im Deutschen Arzneibuche ein Fortschritt gegenüber der früheren Pharmakopöe zu bemerken sein müsse, der ist gewaltig enttäuscht worden! Nach wie vor ist das offene Dampfbad zur Bereitung herangezogen und nach wie vor bilden Farbe und die Eigenschaft, sich klar oder trübe in Wasser zu lösen, das einzige Merkmal für Extrakte mit den allerverschiedensten Eigenschaften und Wirkungen! Vulpius und Holdermann*) vermuten, dass die Bereitung im Vakuum nur deshalb nicht vorgeschrieben sei, um die Selbstdarstellung nicht zu erschweren; sollte dies der Fall sein, so glauben wir wohl die Frage aufwerfen zu dürfen, ob es wirklich der heutigen Zeitrichtung entspricht, der leidenden Menschheit aus einem solchen Grunde das anerkannt Bessere vorzuenthalten?

---

*) Commentar z. Deutsch. Arzneibuch.

Einen exakten Beweis für die Überlegenheit der Vakuumpräparate lieferte im vergangenen Jahre Traub *) gelegentlich seiner interessanten Versuche über die Herstellung des Extr. Chinae liquid. Dieser Forscher fand, dass reines Cinchotannin durch längeres Sieden der Lösung bei 40—45 ⁰ im Vakuum nicht verändert wurde, dass dies jedoch schon bei 65—70⁰ der Fall war. Es gelang ihm so bei einem Vakuum von 700 mm und einer 40⁰ nicht überschreitenden Temperatur ein Extrakt zu erhalten, welches kaum dunkler gefärbt war, als die Cinchonarinde selbst und sich jetzt klar mit Wasser, Sirup und Wein, dem etwas Weingeist zugesetzt worden war, mischen liess. Traub sagt wörtlich weiter:

> „Es zeigte sich hier wieder klar der günstige Einfluss, mit welchem die Luftleere und niedere Temperatur die Zersetzung eindampfender Brühen verhindert. Ich kann daher heute nicht mehr Stöder zustimmen, wenn er dasselbe bekämpft, obwohl mir sonst seine Beweggründe ebenso massgebend sind."

Prüfungsmethoden sind vom Arzneibuche garnicht berücksichtigt worden, weder die Löslichkeitsbestimmung nach Feldhaus**), welche ja einen guten Anhalt zur Erkennung sachgemässer Bereitung zu bieten vermag, noch Identitätsreaktionen — von Alkaloidbestimmungsverfahren ganz abgesehen — für die narkotischen Extrakte, mit denen die Niederländische Pharmakopöe schon seit Jahresfrist der Deutschen voraus ist!

So werden denn alle die Unzuträglichkeiten und Missstände, auf welche wir in unserer vorjährigen Veröffentlichung ausführlich hingewiesen haben, bestehen bleiben und dem Verbrauche der Extrakte nicht zum Heil gereichen!

Die Untersuchung der Extrakte in der von uns gepflogenen Weise ergab folgende Ergebnisse:

---

*) Schweizerische Wochenschr. f. Pharm. 1890. S. 375.
**) Arch. Pharm. 1888. S. 299. Siehe auch Helfenb. Annal. 1888. S. 63.

Extractum	$^0/_0$ Feuchtigkeit.	$^0/_0$ Asche	$K^2 CO^3$ in 100 Asche	$^0/_0$ Alcaloid	
Absinthii . . . . {	21,90	16,20	32,70	—	
	18,15	18,95	24,56	—	
Aloës	4,55	1,60	—	—	
Belladonnae . . .	22,75	10,60	50,00	0,86	
„ sicc. .	—		—	0,46	
Cascarillae . . .	26,03	18,20	41,70	—	
Chelidonii	21,30	20,20	60,12	—	
Chinae aquosum .	18,33	5,43	21,10	—	
„ spirit. . . {	2,30	0,67	—	—	
	4,40	2,80	—	—	
Colocynthidis . . {	3,60	26,30	59,40	—	
	3,13	25,86	62,20	—	
	1,05	19,20	45,83	—	
Digitalis	18,76	8,80	65,30	—	
Ferri pomatum . . {	25,70	15,70	4,40	—	9,7 $^0/_0$ Fe
	26,05	15,86	3,60	—	9,5 „ „
Filicis	2,70	0,40	—	—	
Gentianae . . . . {	14,80	3,96	58,00	—	
	14,70	3,86	59,50	—	
	16,20	3,86	53,50	—	
	17,00	4,00	51,50	—	
Helenii	21,86	6,30	36,30	—	
Hyoscyami . . .	16,55	19,70	42,00	0,80	
„ siccum . {	—	—	—	0,37	
	—	—	—	0,39	
	—	—	—	0,40	
Liquiritiae . . .	28,90	5,10	22,60	—	
Malti . . . . . {	22,16	1,66	—	—	66,00 $^0/_0$
	22,25	1,40	—	—	63,70 „
	22,23	1,52	—	—	62,71 „
	25,55	1,45	—	—	61,60 „
	22,85	1,45	—	—	62,70 „
Myrrhae	10,25	6,50	5,30	—	
Opii . . . . . . {	8,73	6,43	—	23,50	
	—	—	—	25,80	
Rhei . . . . . . {	6,50	4,05	34,00	—	
	4,80	4,30	32,00	—	
Secalis cornuti . .	22,80	7,70	32,80	—	
Strychni . . . . {	—	—	—	17,83	
	—	—	—	16,01	
	—	—	—	19,11	
Tamarindorum . . {	33,16	2,23	—	—	13,75 $^0/_0$ freie
	21,76	1,86	Spuren	—	16,75 „ Säure
Taraxaci . . . . {	19,83	13,03	61,70	—	
	20,05	10,45	59,42	—	
Valerianae . . .	20,90	8,90	23,26	—	

Für die Gruppe Malti: Maltose.

Dass die vorstehende Art der Extraktuntersuchung einer Verfälschung weiten Spielraum lässt, leugnen wir nicht, dass sie aber unter Umständen einen guten Anhalt zu gewähren vermag, beweist eine Mitteilung van Ledden Hulsebosch's*), der ein Aloëextrakt von ungewöhnlich hohem Aschengehalt unter den Händen hatte, welches sich dadurch und im Verein mit anderen Merkmalen als verfälscht mit Aloëharzseife erwies.

Wir wiesen im vergangenen Jahre darauf hin, dass die wässerigen und auch die wässerig-weingeistigen Extrakte nur sehr wenig von dem ätherischen Öl der Pflanzenteile, aus welchen sie dargestellt worden sind, enthalten und dass man diese daher aus den Pressrückständen gewinnen könne. Da wir trotzdem in einem in der Zwischenzeit erschienenen Werke**) die Angabe fanden, dass Wermut- und Kalmusextrakt das ätherische Öl der betreffenden Pflanzen enthalten, so haben wir gelegentlich der Darstellung des Extr. Absinthii nach der Vorschrift des Deutschen Arzneibuches, sowohl die Menge des im Kraut verbleibenden, als auch in das Extrakt übergehenden Öles zu bestimmen versucht. Die Rückstände ergaben 0,317 % ätherisches Öl, im Extrakte war jedoch selbst bei Verwendung von 0,5 Kg. mittelst Dampf-Destillation ätherisches Öl nicht zu gewinnen!

*　　　*
*

Das Helfenberger Äther-Kalkverfahren hat sich auch im vergangenen Jahre weitere Anerkennung erworben, auch da, wo es früher weniger günstig beurteilt wurde. So sagt Traub***) in seiner Arbeit über die Extrakte:

> „Was endlich die Methode der Bestimmung selbst betrifft, so ziehe ich heute die von Dieterich in den Helfenberger Annalen 1888, Seite 13 beschriebene allen anderen vor. Bleibt man genau auf dem dort beschriebenen Wege, so kommt man sicher zu übereinstimmenden Resultaten."

Dies Urteil ist um so beachtenswerter, als der Verfasser früher†) dem Verfahren nicht günstig gegenüberstand.

---

*) Apoth.-Zeitung 1890. S. 219.
**) Commentar zum Arzneibuch von Vulpius und Holdermann.
***) Schweizerische Wochenschr. f. Pharm. 1890. S. 262.
†) Traub und Kyritz. Fortschritt 1888, No. 14 u. 15.

van Itallie*) hat bei neuen Versuchen einen früher beobachteten, störenden Einfluss von Kalk nicht bemerken können, auch Beckurts**) spricht sich befriedigend über das Verfahren aus.

E. Schmidt hat das Äther-Kalkverfahren in der neuen Auflage seiner Pharm. Chemie den Untersuchungsmethoden narkotischer Extrakte einverleibt.

Wir hatten im vergangenen Jahre dem van Itallie'schen und dem Beckurts'schen Verfahren den Vorwurf gemacht, dass das Abdestillieren des Chloroforms bis zur Trockne die Alkaloide zersetze; daraufhin haben beide Autoren***) analytisches Material beigebracht, um diese unsere Ansicht als unbegründet zu beweisen. Da wir die meisten der damaligen Versuche mit Extractum Aconiti unternommen hatten, bezüglich dieses Extraktes jedoch van Itallie Ergebnisse erzielt hat, die sich den unsrigen nähern, so haben wir in diesem Jahre, um die Widersprüche der beiderseitigen Angaben aufzuklären, unsere damaligen Versuche wiederholt, jedoch mit Belladonna- und Hyoscyamusextrakten und gefunden, dass die Alkaloide dieser Extrakte beim Abdestillieren des Chloroforms im Wasserbade allerdings nicht zersetzt werden.

Beckurts legt einen besonderen Wert auf die Zuverlässigkeit seiner Methode und auf den Umstand, dass die Ausführung derselben nur Hilfsmittel erfordert, welche in jeder Apotheke vorhanden sein dürften. Es mag jedoch wiederholt darauf hingewiesen werden, dass die Zuverlässigkeit des Beckurts'schen Verfahrens eine wesentliche Einschränkung erleidet durch die Schwierigkeit, beim Titrieren der Alkaloide, mit Ausnahme der des Extr. Strychni, in der gefärbten Lösung den Farbenübergang, die Endreaktion, zu erkennen! Nur viel Übung vermag hier vor groben Täuschungen zu bewahren; man kann jedoch billiger Weise von einem praktischen Apotheker, der sicher nur einige Mal im Jahre in die Lage kommen wird, seine Extrakte beim Einkauf auf den Alkaloidgehalt zu prüfen, nicht verlangen, dass er sich vorher jedesmal durch verschiedene Vorversuche erst wieder auf den Farbensinn einstellt, den er besitzen muss, um nach dem Beckurts'schen Verfahren seiner Sache der eigenen Überzeugung nach sicher zu sein!

Eine neue Methode der Untersuchung narkotischer Extrakte ist von Schweissinger und Sarnow†) angegeben worden. Nach den Be-

---

*) Nederlandsch Tijdschrift voor Ph. 1890.
**) Arch. Pharm. 1890. S. 335.
***) Nederlandsch Tijdschrift voor Ph. 1890 u. Apoth.-Ztg. 1890, No. 68.
†) Pharm. Centralhalle 1890. S. 771.

obachtungen beider sollen die Alkaloide durch einmaliges Ausschütteln mit Äther oder mit einem Gemisch aus Choroform und Äther quantitativ in das Lösungsmittel übergehen; sie verfahren deshalb folgendermassen:

2,0 Extrakt löst man in 8 ccm Wasser, versetzt mit 2 ccm Ammoniak dnu schüttelt mit 40 ccm eines Gemisches von 15 Teilen Chloroform und 25 Teilen Äther stark durch. Nach einer halben Stunde nimmt man mit der Pipette 20 ccm der klaren Chloroform-Ätherschicht ab, verdunstet und titriert unter Anwendung von Cochenilletinktur als Indikator.

Schweissinger und Sarnow haben eine Reihe von Analysen nach diesem Verfahren und zum Vergleich nach der Äther-Kalk- und nach der Beckurts'schen Methode ausgeführt. Sieht man diese Zahlen durch, so muss auffallen, dass die Zahlen der Äther-Kalkmethode niedriger sind, als die des neuen Verfahrens. Dies spricht völlig gegen unsere bisherigen Erfahrungen und auch gegen die Wahrscheinlichkeit, denn die Alkaloide können bei einmaligem Auschütteln immer nur annähernd quantitativ in das Ausschüttelungsmittel übergehen. Wir haben deshalb die neue Methode mit dem Äther-Kalkverfahren und dem Beckurts'schen ebenfalls verglichen und haben folgende Ergebnisse zu verzeichnen:

Extractum	% Alcaloid nach		
	dem Äther-Kalk-Verfahren	dem Verfahren von Beckurts	dem Verfahren von Schweissinger & Sarnow
Aconiti	1,385	1,332	1,225
	1,412	1,359	1,252
			1,279
			1,119
Belladonnae	1,445	1,358	1,271
	1,430	1,351	1,300
	1,416	1,430	1,358
		1,445	1,365
			1,358
Hyoscyami	0,953	0,924	0,867
			0,895
			0,910
Strychni	19,65		19,29
	19,82		19,47
			19,29

Nach unseren Befunden bleiben demnach die Zahlen des Verfahrens von Schweissinger und Sarnow hinter denen des Äther-Kalkverfahrens und der Beckurts'schen Methode zurück; die Unterschiede sind jedoch nicht so gross, dass sie die Anwendbarkeit des Verfahrens für praktische Zwecke ausschlössen.

In einigen Fällen, jedoch nicht immer, mussten wir bei der Anwendung der neuen Methode auf Extr. Belladonnae Emulsionsbildung beobachten; die zur Titration gelangenden Lösungen sind gefärbt, wenn auch nicht so stark, wie die nach dem Beckurts'schen Verfahren erzielten. so dass auch hier die oben genügend gekennzeichnete Schwierigkeit bei der Erkennung der Endreaktion vorhanden ist, eine Fehlerquelle, die das Kalk-Ätherverfahren gänzlich vermeidet.

Extractum Gentianae.

Das Deutsche Arzneibuch hat bedauerlicher Weise die Fassung des Artikels „Radix Gentianae" in der Ph. G. II beibehalten, ohne Rücksicht darauf zu nehmen, dass die regelrechte Farbe gut getrockneter Enzianwurzel aussen gelbbraun und innen weissgelb bis rötlichbraun ist. Zum mindesten wäre doch, wie Thoms*) hervorhebt, die Forderung eines gewissen Extraktgehaltes angebracht gewesen, damit man in der Lage ist, eine künstlich fermentierte Wurzel von einer regelrecht getrockneten, nur durch das Alter rot gewordenen zu unterscheiden.

Extracta fluida.

Die seit Jahren in England und Amerika eingebürgerten Fluidextrakte haben nunmehr auch im Deutschen Arzneibuche ihren Einzug gehalten. An den Vorschriften ist die Verwendung grob gepulverter und fein zerschnittener Substanz zu tadeln, da ein grobes Pulver mehr Lösungsmittel zur Erschöpfung bedarf, als ein feines und somit der Vorlauf nicht so stark beladen mit löslichen Stoffen ausfällt, wie er sein sollte; denn ein Fluidextrakt soll die wirksame Substanz möglichst unverändert, also möglichst wenig erhitzt enthalten.

Die Fluidextrakte bilden sämtlich bei der Aufbewahrung mehr oder minder Bodensätze, welche man bisher, da sie nach Maisch wirk-

---

*) Pharm. Centralhalle 1890. S. 739.

same Substanz enthalten, durch Aufschütteln fein zu verteilen suchte. Die in früheren Annalen angegebenen Zahlen beziehen sich daher **auf** so behandelte Extrakte. Das Deutsche Arzneibuch verlangt jedoch **Extrakte**, welche durch Absitzenlassen und Filtrieren geklärt sind. Die folgenden Zahlen sind deshalb von Extrakten gewonnen, welche vor der Bestimmung acht Tage lang in einem kühlen Raum zum Absitzen beiseite gestellt worden waren; sie sind also mit denen früherer Jahrgänge nicht direkt vergleichbar. Es wurden gefunden:

Extractum fluidum.	Spez. Gewicht.	% Trocken- rückstand.	% Asche.
Cascarae Sagradae . . . {	1,105	32,92	1,2
	1,082	30,06	1,2
Colae	0,928	8,44	0,98
Condurango P. G. III .	1,038	15,76	2,14
Frangulae P. G. III . . {	1,055	21,82	0,66
	1,039	20,34	0,58
Hydrastis P. G. III . .	0,965	21,60	0,60
Sarsaparillae	1,028	20,42	2,06
Secalis cornuti P. G. III {	1,004	16,94	2,12
	1,052	18,02	2,28

Es bleibt abzuwarten, ob diese Zahlen für die Zukunft Schlüsse zu ziehen gestatten.

Ferrum.

Ferrum albuminatum.

Im folgenden geben wir ein Verfahren, das wir ebenso wie das folgende unserm Herrn Dr. Bosetti verdanken, zur Bestimmung des Eisengehaltes im Eisenalbuminat, welches sich an die Prüfungsweise des Arzneibuches anschliesst:

„0,5 Eisenalbuminat reibt man mit einem Teile einer Mischung aus 0,2 Natronlauge und 20,0 Wasser an, spült mit dem Reste der Flüssigkeit in ein Becherglas, versetzt nach vollendeter Lösung mit 5,0 Salzsäure und erhitzt im Wasserbade, bis das anfangs ausgeschiedene, rotbraune Eisenalbuminat völlig zersetzt ist. Das geronnene Eiweiss filtriert man ab, wäscht aus und verdampft das Filtrat nach Zusatz von wenig Kaliumchlorat im Wasserbade zur Trockne. Man nimmt alsdann mit Wasser und wenig Salzsäure wieder auf, verdünnt bis auf 100 ccm und lässt nach Zusatz von 3,0 Kaliumjodid bei einer 40° nicht übersteigenden Wärme im geschlossenen Gefäss eine halbe Stunde lang stehen; nach dem Erkalten titriert man mit $^1/_{10}$ N. $=$ Natriumthiosulfatlösung.“

Ferrum peptonatum.

Das folgende Verfahren zur Bestimmung des Eisengehaltes schliesst sich ebenfalls an die Prüfungsweise des Arzneibuches an:

„0,5 Eisenpeptonat löst man in 20,0 heissem Wasser, erhitzt mit 10,0 verdünnter Schwefelsäure, bis die durch den Zusatz der letzteren entstandenen Ausscheidungen wieder gelöst sind, verdünnt mit 200,0 heissem Wasser, versetzt mit Ammoniakflüssigkeit im Überschuss und erhitzt so lange im Wasserbade, bis der Niederschlag sich völlig ausgeschieden hat und die Flüssigkeit farblos erscheint. Man sammelt den Niederschlag auf einem Filter, wäscht ihn mit heissem Wasser aus bis das Filtrat durch Baryumnitratlösung keine Trübung mehr erleidet und führt ihn dann durch Auftropfen heisser, verdünnter Schwefelsäure auf dem Filter in Lösung über. Die Lösung verdünnt man mit Wasser bis auf 100 ccm, fügt 3,0 Kaliumjodid hinzu und verfährt weiter wie bei Ferrum albuminatum angegeben ist.“

Über Liquor Ferri albuminati.[*]

Herr E. Bosetti aus Helfenberg berichtet in Vertretung des Herrn Eugen Dieterich über den Einfluss der Veränderungen, welche das Deutsche Arzneibuch an der ursprünglichen Dieterich'schen Vorschrift zur Herstellung des Liquor Ferri albuminati vorgenommen hat — Erhöhung der Eiweissmenge und Herabsetzung der zum Auflösen des feuchten Ferrialbuminats bestimmten Natronlauge von 5 auf 3 Teile — auf die Haltbarkeit des Präparates.

---

[*] Aus den Berichten der Pharmaceutischen Gesellschaft 1891. S. 51.

Eine Reihe von vergleichenden Untersuchungen hat ergeben, dass die Erhöhung der Eiweissmenge nach der gedachten Richtung hin keinen störenden Einfluss ausübt, dass jedoch die Verminderung der Natronlauge die Haltbarkeit des Präparates wesentlich herunterdrückt, demnach nicht als Verbesserung der Vorschrift zu betrachten ist. Einen Liquor, welcher eine längere Haltbarkeit besitzt und doch den Ansprüchen des Arzneibuches auf geringere Alkalität genügt, erhält man, wenn man zunächst die Lösung des ausgewaschenen, gefällten Ferrialbuminats mit der von Dieterich angegebenen Alkalimenge bewerkstelligt, dann aber die Lösung 1—2 Tage der Dialyse aussetzt; dauernd haltbar und den weitesten Ansprüchen in dieser Beziehung genügend ist jedoch nur ein Liquor, welcher in derselben Weise aus trocknem Ferrialbuminat (Ferrum albuminatum solubile, Helfenb. Annalen 1888, S. 151.) bereitet worden ist, ein Darstellungsverfahren, welches auch die Helfenberger Fabrik im Grossen anwendet.

* * *

Die Prüfung des offizinellen Eisenalbuminatliquors wünscht Utescher*) nach der Seite hin erweitert, dass dieselbe einen Eisensaccharatgehalt, sowie die Anwesenheit von Glycerin ausschliesst und glaubt nach vorläufigen Versuchen die Phosphorsäure zu ersterem Zwecke empfehlen zu können. Nach unserem Dafürhalten wird eine solche Mischung am einfachsten durch den Geschmack erkannt. Die Verwendung eines $3\,^0/_0$gen Eisenzuckers zur Herstellung einer solchen Mischung ist darnach von vornherein ausgeschlossen, allein selbst bei Benutzung des $10\,^0/_0$ gen Präparates schmeckt die Mischung noch so stark süss, dass auch eine ganz harmlose Zunge die Nichtübereinstimmung des Liquors mit den Forderungen des Arzneibuches sofort empfindet. Eine Formel für ein solches Gemisch würde beispielsweise die folgende sein:

17,5 Albumin.
417,5 Aq. destillat.

———

42,0 Ferr. saccharat. $10\,^0/_0$ Fe
271,0 Aq. destillat.

———

150,0 Spiritus
100,0 Aq. Cinnamomi
2,0 Tinct. aromat.

———

*) Apoth.-Ztg. 1891. S. 53.

Trotzdem dieser Liquor nur die Hälfte der vom Arzneibuch vorgeschriebenen Eiweissmenge enthält, erscheint er doch nach kurzer Zeit
der Aufbewahrung im auffallenden Lichte bedeutend trüber als der
offizinelle; bei Vermehrung des Eiweissgehaltes wächst die Trübung
noch. Die Haltbarkeit, besonders der letzteren Zusammenstellung, be-
friedigte nicht.

Über indifferente Mangan-Verbindungen.*)

Die Anwendung von Eisenpräparaten gegen Chlorose beruht auf
der Annahme, dass der Eisengehalt des Hämoglobins dieses befähigt,
Sauerstoff aufzunehmen und zu binden und dass diese Eigenschaft durch
Vermehrung des Eisens erhöht werden kann. Nachdem neben dem
Eisen auch Mangan im Blut enthalten ist, stellte Hannon bereits im
Jahre 1844 die Theorie auf, dass dem Mangan eine ähnliche Rolle,
wie dem Eisen in diesem Falle zukomme und dass die Wirkung des
Eisens erhöht werden könne durch gemeinsame Anwendung von Eisen
und Mangan. ·

H. gab präparierten Braunstein, ferner das Mangansulfat in Verbindung mit Ferrosulfat in Pillenform. Die neue Lehre fand in der
langen Reihe von Jahren nur vereinzelt Anhänger; man darf diesen
(Petrequin, Rühle, Ringer, Murrel u. a.) aber nachrühmen, dass sie dafür um so eifriger für die Manganbehandlung eintraten.

Dass die letztere sich nicht verallgemeinerte, dürfte seinen Grund
in den mehr oder weniger styptischen Eigenschaften der Mangansalze
und in den diätetischen Bedenken, welche ihnen dieserhalb entgegen-
standen, haben.

Das Eisen hatte in dieser Richtung einen grossen Vorsprung gewonnen, sofern es gelungen war, milde leichtverträgliche Verbindungen
aufzufinden. Da das Mangan nicht gleichen Schritt hielt, so war es
als Mittel gegen Chlorose nahezu in Vergessenheit geraten, höchstens
hörte man einmal den Mangangehalt einer Stahlquelle als deren Wirkung erhöhend betonen.

Der neuesten Zeit war es vorbehalten, die Erinnerung an das
Mangan wieder aufzufrischen und die Aufmerksamkeit auf ein Peptonat
zu lenken. Ascher**) berichtet von einem solchen und hat nach seinen
ausführlichen Mitteilungen beachtenswerte Erfolge damit erzielt.

---

*) Mitgeteilt Pharm. Centralhalle 1890. No. 23.
**) Deutsche Med.-Zeitung 1889, No. 80. S. 925.

Nachdem so die **Manganbehandlung** weitere Kreise zu interessieren beginnt, schien es wünschenswert, das Mangan einem ähnlichen Studium zu unterziehen, wie wir es seiner Zeit mit dem Eisen gethan haben, und dadurch der Mangantherapie nach chemischer Seite hin jenen festen Untergrund zu schaffen. Dessen Fehlen ist für die Mehrzahl der Ärzte häufig bestimmend, einer solchen Frage nur geteiltes Interesse entgegen zu bringen. In der natürlichen Gruppierung der Elemente steht das Mangan dem Eisen sehr nahe; wir haben deshalb die für das Eisen bewährten indifferenten Präparate auch für das Mangan herzustellen gesucht, um zugleich die Möglichkeit zu schaffen, beide Elemente in derselben „indifferenten" Form anwenden zu können. In folgendem erlauben wir uns, die Ergebnisse unserer Arbeiten vorzulegen.

*   *
*

In unseren ersten Versuchen wendeten wir uns der Herstellung eines Manganalbuminates zu und lehnten uns dabei, wie schon in der Einleitung angedeutet, an die von uns für die analoge Eisenverbindung ausgearbeiteten Darstellungsweisen an. Leider führten alle unsere diesbezüglichen Proben zu wenig befriedigenden Ergebnissen, so dass wir uns zu vorläufiger Sistierung dieser Versuche genötigt sahen. Wir geben uns aber der Hoffnung hin, auf den gleichen Gegenstand später wieder zurückkommen zu können.

Unser weiteres Ziel war die Gewinnung eines Manganpeptonates. Auch hier versuchten wir das für die gleiche Eisenverbindung von uns festgestellte Verfahren*) in Anwendung zu bringen, aber es gelang uns bis jetzt noch nicht, das Manganpeptonat — wie dies beim Eisen der Fall ist — als flockigen Niederschlag auszufällen. Alle uns zu Gebote stehenden Mangansalze mit Pepton, beide in Lösung gemischt, ergaben bei der versuchten Neutralisation einen Niederschlag von Manganhydroxydul, während das Pepton in Lösung blieb. Ein etwas besseres Ergebniss erzielten wir dagegen durch Vermehrung des Peptons, nämlich wenn wir 1 Teil Manganchlorür ($MnCl_2 + 4H_2O$) mit 1 bis 9 Teilen Pepton, mit letzterem in verschiedenen Verhältnissen, eindampften. Wir erhielten so eine schmierige, zähe, fast farblose Masse, welche stark hygroskopisch war und sich leicht und klar in Wasser löste. Um zu erfahren, ob wir wirklich eine Verbindung oder nur ein Gemisch vor uns hatten, machten wir folgende Proben:

---

*) Helfenb. Annalen 1888. S. 83.

a) Wir dialysierten die Lösung und erfuhren dabei, dass sowohl das Manganchlorür, als auch das Pepton die Membran durchdrangen. (Die entsprechende Eisenverbindung giebt H Cl und nur spurenweise Eisen ab, zeigt überhaupt das Verhalten eines vollkommenen Colloïds.)

b) Die Lösung gab die unveränderten Manganreaktionen, nämlich mit NH_3 eine weisse, bald braun werdende Fällung von Manganhydroxydul, bez. Hydroxyd. Chlorammonium vermochte diese Fällung eine Zeit lang zu verhindern. Dementsprechend verhielt sich Natronlauge. Sowohl durch diese, als auch durch NH_3 wird nicht alles Mn gefällt; denn das Filtrat lieferte nach dem Eindampfen und Veraschen noch starke Manganreaktionen; auch fällt ausser Mn Pepton mit.

c) Verhindert wurden diese Fällungen, ähnlich wie beim Ferripeptonat*), durch Zusatz selbst sehr kleiner Mengen von Ammonium- oder Natriumcitrat. Sogar tagelanges Stehen brachte keine Fällung, sondern nur eine dunkelgrüne Färbung hervor.

Bemerkenswert ist, dass das Manganchlorür allein, also ohne Pepton, ein ähnliches Verhalten zeigte.

    5,0 Manganchlorür,

   10,0 Citronensäure,

   20,0 Ammoniak

gaben eine alkalische Lösung, also keine Fällung. Eingedampft blieb eine weisse schmierige Masse von saurer Reaktion zurück; dieselbe löste sich in Wasser nur teilweise, dagegen vollständig bei Zusatz von NH_3.

Setzten wir obiger Mischung

   20,0 Pepton

zu, so erhielten wir eine trockne Leimmasse vom vorherigen Verhalten. Ein Zusatz von Chlorammonium änderte daran nichts.

Wenn es gestattet ist, das Eisenpeptonat als Massstab für das Manganpeptonat zu betrachten, so fällt vor allem das ganz andere Verhalten der Manganverbindung bei der Dialyse auf. Weiter wird das Eisenpeptonat aus seiner wässerigen Lösung durch Ammoniak oder Natronlauge als solches ausgefällt, wogegen der in der fraglichen Manganpeptonatlösung entstehende Niederschlag anfänglich weiss ist, aber bald braun wird, sich also wie Manganhydroxydul verhält. Für

---

*) Helfenb. Annalen 1889. S. 59.

das Vorhandensein einer Verbindung spricht nur, dass das Mangan durch Ammoniak oder Natronlauge nicht vollständig ausgefällt, und dass nicht nur Mn, sondern auch Pepton mit niedergerissen wurde.

Es ist demnach zwar nicht ausgeschlossen, dass das Mangan bei obigem Verfahren mit Pepton in eine organische Verbindung eintritt; wenn ja, so ist dieselbe zufolge der beschriebenen Eigenschaften jedoch nur eine sehr lockere.

Trotz dieser nicht ganz befriedigenden Ergebnisse betrachten wir die Möglichkeit nicht ausgeschlossen, dass auf anderem Weg eine festere Verbindung hergestellt werden kann. In Würdigung dessen sahen wir uns veranlasst, die im Handel befindlichen Eisenmangan-Peptonate

„Liquor ferro - mangan. pepton. Keysser"

und

„Essentia mangano - ferri peptonata Gude"

einer Untersuchung zu unterwerfen. Eine nahe Verwandtschaft beider durfte vorausgesetzt werden, nachdem Herr Dr. Gude veröffentlicht hatte, dass er früher in der Fabrik des Herrn Keysser dessen Präparat hergestellt und die Methode als sein Geheimnis und Eigentum sich bewahrt habe.

Beide Spezialitäten sollen zufolge der ihnen beigegebenen Prospekte 0,6 $^0/_0$ Fe und 0,1 $^0/_0$ Mn enthalten. Bei der Untersuchung ergaben sich dagegen für beide wesentlich niedrigere Zahlen, nämlich für das Keysser'sche Präparat 0,26 $^0/_0$ Fe und 0,0072 $^0/_0$ Mn, für das Gude-sche Präparat 0,42 $^0/_0$ Fe und 0,036 $^0/_0$ Mn.

Die weiteren Angaben stimmen, nur sind beide nicht neutral, sondern sie reagieren schwach sauer. Bemerkenswert ist, dass beide beim Dialysieren Mangan und Pepton abgeben, sich also genau so verhalten, wie unser* fragliches Manganpeptonat.

Gude hebt für sein Präparat als charakteristisches Merkmal hervor, dass es durch Ammoniak nicht gefällt werde. Es erschien uns dies um so auffälliger, als einerseits von uns gerade die Fällbarkeit des Ferripeptonats durch NH_3*) als demselben eigentümlich gefunden worden war (von unserem, hier noch nicht ganz klargestellten Mangan-peptonat wollen wir in diesem Fall absehen) und nachdem andererseits weitere hier ausgeführte Studien**) ergeben hatten, dass diese Fällung durch Natriumcitrat verhindert wird.

---

*) Helfenb. Annalen 1888. S. 84.
**) Helfenb. Annalen 1889. S. 59.

Die Vermutung, dass die von Gude hervorgehobene Eigenschaft auf einen Zusatz von Ammoniumcitrat (in der Asche konnte kein Natron nachgewiesen werden) zurückzuführen sei, musste für uns nahe liegen. Wir stellten uns daher die Aufgabe, die aufgeworfene Frage durch den Nachweis des vermuteten Zusatzes zu beantworten.

Vor allem stellten wir durch Destillation beider Liquores mit Natronlauge die Menge des übergehenden Ammoniaks fest und fanden bei beiden fast übereinstimmend 0,34 °/₀ NH_3. Diese Menge erschien uns zu gross, um allein auf Rechnung des Peptonats gesetzt zu werden; wir bestimmten deshalb in zwei Handelsmarken Pepton in gleicher Weise das durch Destillation mit Natronlauge Übergehende als Ammoniak und fanden 0,42 und 0,84 °/₀ NH_3.

Da nun beide Liquores 4,7—4,9 °/₀ Trockenrückstand enthalten, so würde dies, selbst unter der Annahme, dass letzterer nur aus Pepton bestünde, nur 0,02—0,04 °/₀ NH_3, in Wahrheit also weit weniger ausmachen.

Der Nachweis der Citronensäure machte verschiedene Vorversuche notwendig und gestaltete sich folgendermassen:

1,5 kg Liquoris Keysser dampften wir zur Verjagung des Alkohols auf die Hälfte des Volumens ein, ergänzten den Verlust durch Wasser, machten mit Ammoniak alkalisch und fällten mit Schwefelwasserstoff die Metalle aus. Das Filtrat dampften wir auf ein kleines Volumen ein, wiederholten das Filtrieren, verdünnten mit heissem Wasser und versetzten mit einer heissen Baryumacetatlösung. Den erhaltenen Niederschlag wuschen wir aus, zerlegten ihn mit Schwefelsäure, unter Vermeidung eines Überschusses daran, und filtrierten ab.

Um die etwa vorhandene Citronensäure noch weiter von vorher vielleicht mit niedergerissenem Pepton zu befreien, behandelten wir das Filtrat wie vorher, abermals mit Baryumacetat und zerlegten den ausgewaschenen Niederschlag nochmals mit Schwefelsäure. Das nach Abscheidung des Baryumsulfats gewonnene Filtrat dampften wir auf ein kleines Volumen ein und schüttelten dreimal mit dem zehnfachen Volumen Äther aus. Nach Verdunsten des Äthers nahmen wir den Rückstand in Wasser auf, stellten die stark saure Reaktion fest und prüften mit Kalkwasser und mit Chlorcalcium. Wir erhielten in beiden Fällen die für Citronensäure charakteristischen Reaktionen!

Die beiden Spezialitäten haben uns demnach in der Kenntnis des Manganpeptonats nicht fördern können; da ihre Untersuchung jedoch nebenbei die Vorschrift eines im chemischen Verhalten gleichen Liquors zeitigen musste, so mag diese im folgenden gegeben werden:

Liquor Ferro-Mangani peptonati.

10,0 Acidi citrici

löst man in

50,0 Aquae destillatae

und neutralisiert mit

q. s. (circa **20,0**) Liquoris Ammonii caustici.

Andererseits bringt man:

24,0 Ferri peptonati „Marke Helfenberg"

mit

150,0 Aquae destillatae

durch vorsichtiges Kochen zum Lösen, setzt zur heissen Lösung die Ammoniumcitratlösung und fügt dann eine Auflösung von

3,7 Mangani chlorati cryst. pur. $(Mn\,Cl_2 + 4\,H_2\,O)$

in

10,0 Aquae destillatae

und weiter folgende Mischung hinzu:

500,0 Aquae destillatae,

100,0 Cognac,

1,5 Tincturae aromaticae,

0,75   „   Cinnamomi Ceylan.,

0,75   „   Vanillae,

gtt. 2 Aetheris acetici.

Schliesslich bringt man mit destilliertem Wasser auf ein Gewicht von

1000,0.

Bei diesem Verfahren müssen die vorgeschriebenen Konzentrationen genau eingehalten werden. Löst man z. B. das Eisenpeptonat in einer grösseren Menge Wasser, so erhält man auf Zusatz der Lösungen sowohl des Ammoniumcitrats, als auch des Manganchlorürs Fällungen, welche erst durch längeres Erhitzen wieder in Lösung übergeführt werden können.

Der so gewonnene Liquor ist von dunkelroter Farbe, im auffallenden Licht etwas trübe, im durchfallenden klar. Sein Geschmack ist wesentlich angenehmer, wie der der untersuchten Spezialitäten. Ausserdem enthält er in Wirklichkeit 0,6 % Fe und 0,1 % Mn.

*   *
*

In der Neuzeit neigt die Meinung der Therapeuten — wenigstens bei den Eisenpräparaten — mehr den alkalischen indifferenten Verbindungen zu. Wir glaubten deshalb, die sauren verlassen und uns der Herstellung alkalischer Manganverbindungen zuwenden zu dürfen.

Wir lehnten uns auch hier an unsere für die entsprechenden Eisenpräparate ausgearbeiteten Herstellungsweisen an und stellten vorerst unsere Versuche mit Manganhydroxydul und Manganhydroxyd an. Wir erhitzten dieselben in vielerlei Verhältnissen und unter Anwendung der uns bekannten Kunstgriffe mit Zucker und Alkalien, desgleichen mit Dextrin, Inulin, Mannit und Milchzucker, konnten aber trotz aller Mühe und Sorgfalt keine löslichen Verbindungen erhalten. Um so rascher gelangten wir dagegen zum Ziel, als wir jenes kaliumhaltige Manganhydroxyd, welches wir durch Reduktion einer Kaliumpermanganatlösung mit Zucker oder Alkohol herstellten, anwandten. Selbstredend ist auch hierbei das genaue Einhalten bestimmter Verhältnisse, welche wir empirisch feststellten, notwendig. Wir gestatten uns nun, die Herstellung dreier neuer Verbindungen (des Mangani-Saccharats, -Mannitats, -Dextrinats) nachstehend zu beschreiben:

Mangani-Saccharat, -Mannitat, -Dextrinat.

75,0 Kalii permanganici purissimi

löst man durch Erwärmen in

4500,0 Aquae destillatae

und lässt erkalten. Man trägt dann unter Rühren

45,0 Sacchari albi pulv.

ein oder mischt an dessen Stelle

45,0 Spiritus

hinzu und lässt 24 Stunden stehen.

Den nach Verlauf dieser Zeit ausgeschiedenen Niederschlag wäscht man durch Absitzenlassen und Abziehen der überstehenden Flüssigkeit mit destilliertem Wasser so lange aus, bis das Waschwasser beim Verdampfen auf dem Platinblech keinen Rückstand mehr hinterlässt. Man sammelt nun den Niederschlag auf einem Tuche, presst ihn bis zu einem Gewicht von

300,0

aus, verreibt ihn mit

900,0 Sacchari albi (bez. Manniti, Dextrini)

und fügt dann

225,0 Liquoris Natri caustici Ph. G. II

hinzu.

Man erhitzt die Mischung im Dampfbad in bedecktem Gefäss so lange, bis ein entnommener Tropfen sich klar in Wasser löst und dampft schliesslich zur Trockne ein.

Die vorstehenden Verhältnisse ergeben eine Ausbeute von reichlich 1 kg eines $3\,^0/_0$igen Präparats. Nimmt man statt der vorgeschriebenen 900,0 nur 225,0 Zuckerpulver, beziehentlich Mannit oder Dextrin, so erhält man Verbindungen mit einem Gehalt von $10\,^0/_0$ Mn.

Eigenschaften: Das $3\,^0/_0$ige Saccharat bildet ein braunes Pulver, das sich leicht in Wasser zu einer dunkelbraunen Flüssigkeit löst. Konzentrierte Lösungen sind haltbar, verdünnte dagegen scheiden nach einiger Zeit unlösliches Mangansaccharat aus, nicht aber beim Vorhandensein grösserer Mengen Zucker.

Mineralsäuren fällen aus der Lösung zunächst unlösliches Mangansaccharat, bei weiterem Zusatz findet Zerlegung der Verbindung und Lösung unter Bildung des entsprechenden anorganischen Salzes statt. Schwefelammon fällt fleischfarbenes Schwefelmangan aus, Ammoniak und Ätzalkalien bringen keine Veränderungen hervor. Kohlensäure scheidet bei längerem Einleiten die Verbindung aus. (Alle diese Reaktionen giebt auch der Eisenzucker.)

Mannitat und Dextrinat zeigen dieselben Eigenschaften, nur gegen Kohlensäure verhält sich das Dextrinat anders, indem es durch dieselbe nicht gefällt wird. Auch sind verdünnte Lösungen dieser Verbindung haltbar, ohne dass dazu ein Überschuss an Dextrin nötig wäre.

Manganidextrinat scheint demnach, entsprechend dem Eisendextrinat, die festeste unter den alkalischen Verbindungen zu sein.

Die Ähnlichkeit mit dem Eisen zeigt sich bei den drei Verbindungen auch im Verhalten zur Citronensäure; sie lassen sich damit neutralisieren, ohne dadurch ausgefällt oder zersetzt zu werden.

Bei der Oxydation organischer Substanzen mit übermangansaurem Kalium entsteht in neutraler Lösung ein Niederschlag, dessen Zusammensetzung nach Schmidt, Pharmaceutische Chemie I, S. 785, durch die Formel $KH_3Mn_4O_{10}$ ausgedrückt wird; auf 100 Teile Mn kommen demnach 17,7 Teile K. Um nun zu prüfen, ob diese Angabe auch für den vorliegenden Fall gültig sei, und um gleichzeitig die Zusammensetzung der neuen Verbindungen festzustellen, unternahmen wir folgende Versuche:

2,5 Kaliumpermanganat lösten wir in 150,0 Wasser, setzten 1,5 Zucker zu, filtrierten nach 24 Stunden den entstandenen Niederschlag ab und wuschen ihn sorgfältig aus. Durch Ausdrücken des Filters zwischen Fliesspapier entfernten wir das überschüssige Wasser, zerrieben den feuchten Niederschlag mit 30,0 Zuckerpulver, trockneten die Mischung und rieben die trockene Masse schliesslich zu Pulver.

In diesem Pulver bestimmten wir Mn und K folgendermassen:

Wir veraschten einen aliquoten Teil, erwärmten die Asche mit Salzsäure, machten die verdünnte Lösung mit Ammoniak alkalisch und behandelten nun mit Schwefelwasserstoff. Das ausgeschiedene Schwefelmangan lösten wir wiederum auf, bestimmten in der Lösung das Mangan als $Mn_3 O_4$, das im ersten Filtrat befindliche Kalium dagegen als KCl in bekannter Weise.

In zwei Bestimmungen fanden wir:

1. 4,70 % $Mn_3 O_4$ und 0,54% KCl (= 3,38 Mn, 0,282 K),
2. 4,68 % $Mn_3 O_4$ und 0,52% KCl (= 3,37 Mn, 0.272 K).

Es kommen demnach auf

100 Teile Mangan 8,34 resp. 8,07 Teile Kalium,

also nicht ganz die Hälfte derjenigen Menge, welche die obige Formel erfordert. Die Zusammensetzung des Niederschlags ist wahrscheinlich verschieden und abhängig von der Art des Reduktionsmittels, seiner Menge, der Verdünnung, und damit zusammenhängend dem Verlaufe der Reduktion und der sich dabei entwickelnden Temperatur.

Berechnen wir oben gefundenes Kalium auf Manganzucker, so enthält das 3%ige Präparat 0,246 % K.

Es möge uns noch gestattet sein, einige Arzneiformen, welche Mangan allein und ferner Mangan mit Eisen enthalten, hier aufzuführen:

Liquor Ferro-Mangani saccharati.

Eisenmangan - Likör

a) mit 0,2 % Fe und 0,1 % Mn:

  20,0 Ferri saccharati 10 % „Marke Helfenberg“,
  10,0 Mangani saccharati 10 % „Marke Helfenberg“,
  390,0 Aquae destillatae,
  240,0 Sirupi simplicis,
  340,0 Spiritus Cognac.

b) mit 0,6 % Fe und 0,1 % Mn:

 60,0 Ferri saccharati 10 % „Marke Helfenberg“
 10,0 Mangani saccharati 10 % „Marke Helfenberg“,
 410,0 Aquae destillatae,
 180,0 Sirupi simplicis,
 340,0 Spiritus Cognac.
Aromatisierung beider:
 3,0 Tincturae Aurantii corticis,
 0,75 „   aromaticae,
 0,75 „   Cinnamomi Ceylanici,
 0,75 „   Vanillae,
 gtt. 2 Aetheris acetici.

Beide Liköre sind höchst wohlschmeckend und **werden**, wie sich in der Praxis uns befreundeter Ärzte erwies, auch für die Dauer gern genommen.

Wünscht man — der Geschmack ist ja verschieden — ein weniger süsses Präparat, so ersetzt man den Zuckersaft teilweise oder ganz durch Wasser und nimmt statt des Mangansaccharates das 10 %ige Dextrinat. Ohne den Zuckerüberschuss würde sich die Mangansaccharat-lösung zersetzen.

Extractum Malti manganatum.

Mangan-Malzextrakt (0,1 % Mn).

 1,0 Mangani dextrinati 10 % „Marke Helfenberg“
löst man durch Erwärmen in
 4,0 Aquae destillatae
und vermischt die Lösung mit
 95,0 Extracti Malti „Marke Helfenberg“.

Extractum Malti ferrato-manganatum.

Eisenmangan-Malzextrakt (0,2 % Fe und 0,1 % Mn).

 2,0 Ferri dextrinati 10 % „Marke Helfenberg“,
 1,0 Mangani dextrinati 10 % „Marke Helfenberg“
löst man durch Erhitzen in
 7,0 Aquae destillatae
und vermischt die Lösung mit
 90,0 Extracti Malti „Marke Helfenberg“.

Zu den beiden Malzextraktvorschriften ist zu bemerken, dass einerseits nur das Eisendextrinat (wir machten schon früher darauf aufmerksam) und andererseits das Mangandextrinat von der in jedem Malzextrakt vorhandenen geringen Menge Säure nicht zerlegt wird. Wir haben unsere Versuche nur mit dem hier hergestellten Malzextrakt gemacht und konnten daher bei Aufstellung der Vorschriften, wenn sonst wir für das Gelingen einstehen wollten, nur von dem eigenen Fabrikat ausgehen.

Auf Grund des chemischen Verhaltens dürfen wir die neuen Manganverbindungen, die wir im Interesse einer bestimmten Charakterisierung gleichfalls als „indifferente" bezeichnen wollen, den analogen Eisenpräparaten ebenbürtig an die Seite stellen. Wenn weiterhin die styptischen Eigenschaften der bisher bekannten Manganpräparate ein Hindernis für ihre therapeutische Anwendung waren, so glauben wir annehmen zu dürfen, dass mit obigen neuen Verbindungen für das Mangan eine neue Ära eintritt und der allgemeinen Anwendung, wie wir sie beim Eisen kennen, nichts mehr im Wege steht.

Lithargyrum.

Die Untersuchung der Bleiglätte lieferte die folgenden Werte:

% Glühverlust	% Blei, Sesqui- und Superoxyd
0,5	1,38
1,3	1,18
0,2	
0,2	1,04
0,7	
0,9	1,40
0,2	
0,2	1,44
0,5	
0,4	1,16
1,06	0,7
1,00	0,5
0,64	0,4
0,98	0,5
Niedrigste und höchste Zahlen.	
0,20 — 1,30	0,4 — 1,44

Das Deutsche Arzneibuch hat den zulässigen Gehalt der Bleiglätte an Blei, Sesqui- und Superoxyd von 1 $^0/_0$ auf 1,5 $^0/_0$ erhöht und damit den Verhältnissen der Praxis Rechnung getragen, wie wir es seit Jahren befürwortet hatten.

Mel.

Die Untersuchung des Rohhonigs nach Lenz[*]), dessen Prüfungsverfahren wir bislang noch immer als völlig genügend erachten konnten, ergab in Verbindung mit der Bestimmung der Säurezahl für die im vergangenen Jahre zur Prüfung gelangenden Honigsorten folgende Zahlen:

Mel.	Spez. Gew. der Lösung	Optisches Verhalten	Säurezahl
crud. Americanum . . .	1,116	— 8,6^0	14,0
	1,115	— 9,9^0	16,8
	1,115	—10,3^0	15,4
	1,115	— 6,3^0	14,0
	1,118	— 5,9^0	12,3
crud. Germanicum . . .	1,116	— 8,6^0	14,0
	1,115	— 6,2^0	12,3
	1,114	— 5,0^0	16,8
	1,113	— 7,7^0	14,0

Mel.	Spez. Gew. des Honigs	Optisches Verhalten	Säurezahl
dep. Americanum	1,363	— 9,0^0	6,7
	1,362	— 8,0^0	6,7
	1,356	— 7,6^0	3,3
	1,365	— 9,0^0	6,1
dep. Germanicum	1,353	— 5,6^0	6,7
	1,356	— 5,9^0	8,9

Das Deutsche Arzneibuch giebt im Gegensatz zur P. G. II eine Vorschrift zur Reinigung des Rohhonigs, für welchen sie eine bestimmte

[*]) Helfenb. Annalen 1888. S. 23.

Säurezahl verlangt. Durch diese Forderung glaubt das Arzneibuch wahrscheinlich die Einwände, welche wir gegen die Aufstellung sogenannter Normalreinigungsvorschriften früher*) erhoben haben, zu entkräften, allein nichts weniger, als dies. Allerdings entspricht die Säurezahl von 28, welche das Arzneibuch vom Rohhonig verlangt, keinem normalen Honig, wenn sie auch nicht gerade niedrig gegriffen erscheint, allein auch innerhalb niederer Säurezahlen bestehen die Verschiedenheiten, welche der Aufstellung einer auf jeden Fall passenden Reinigungsmethode hinderlich sind. In den Kritiken dieser Vorschrift fanden wir öfters die Meinung vertreten, das Arzneibuch könne von einem Depurat, welches nach dieser Vorschrift bereitet sei, nicht verlangen, dass dasselbe klar sei, allein wir glauben diese Ansicht nicht als richtig bezeichnen zu können, da die Worte „gereinigter Honig sei im durchfallenden Lichte klar" doch wohl weiter keinen Zweifel aufkommen lassen dürften.

Die Prüfung des Honigs auf Dextrin durch Mischen seiner Lösung mit Weingeist ist in derselben Weise, wie sie die P. G. II brachte, bestehen geblieben, trotzdem wir vor zwei Jahren**) darauf aufmerksam machten, dass die Art und Weise der Ausführung dieser Prüfung zu grossen Irrtümern führen könne!

Die Frage der Prüfung des Honigs ist überhaupt im vergangenen Jahre nicht einfacher geworden!

So wird von der Firma Gebr. Langelütje in Cölln bei Meissen seit einiger Zeit unter dem Namen „Zuckerhonig" nach patentiertem Verfahren ein Kunsthonig hergestellt, der, obwohl durch Inversion aus Rohrzucker bereitet, sowohl in Geruch, als auch in Geschmack und Dicke vollständig dem Naturhonig gleicht, mit dem er auch die Eigenschaft gemein hat, nach einigen Wochen der Aufbewahrung körnig zu werden; die Farbe entspricht der einer mittelguten Honigsorte. Diesem Kunsterzeugnis liegen Zeugnisse namhafter Handelschemiker bei, welche darthun, dass dasselbe auf Grund analytischer Befunde von echtem Honig nicht zu unterscheiden ist, eine Ansicht, der auch wir uns, abgesehen von der Dialyse, leider anschliessen müssen. Es wurden für den Zuckerhonig die folgenden Zahlen gefunden:

Spez. Gew. der Lösung: **1,114**
Polarisation: **— 9,3°**
Säurezahl: **4,2.**

---

*) Helfenb. Annalen 1888. S. 94.
**) Helfenb. Annalen 1888. S. 97.

Wir haben schon öfter Gelegenheit gehabt, auf die zuerst von Haenle gemachte und von anderen Autoren genügend bestätigte Beobachtung rechtsdrehender, Elsässer Naturhonige hinzuweisen. Diese Beobachtungen mussten die bisherige Art der Honiguntersuchung, den Nachweis des rechtsdrehenden Stärkezuckers, als völlig ungenügend erscheinen lassen, sobald der Handelsmarkt gezwungen ist, mit solchen Honigsorten zu rechnen. Glücklicherweise ist letzteres jedoch bis jetzt noch nicht der Fall — uns selbst gelang es nicht trotz mehrfach aufgewendeter Mühe von unseren Honiglieferanten solchen Honig aufzutreiben —, so dass man im grossen und ganzen noch immer mit der bisherigen Prüfungsweise auskommt, allein ganz gewiss muss eine Methode, welche auch diesem erwähnten Umstande Rechnung trägt, als wohlerwünscht bezeichnet werden. Eine ganz besondere Beachtung in diesem Sinne forderte deshalb die Angabe Haenle's*), dass jeder echte Honig, gleichgültig ob links- oder rechtsdrehend, von gefälschtem durch die Dialyse vor der Polarisation unterschieden werden könne.

Haenle unterwarf eine Reihe von links- und von rechtsdrehenden und von mit Stärkesirup versetzten Honigsorten der Dialyse und fand, dass die echten nach 16—18 Stunden eine Polarisation $= 0$ zeigten, während die verfälschten nach Verlauf dieser Zeit eine schliesslich konstantbleibende Rechtsdrehung annahmen. Auf Grund dieser Befunde stellte Haenle folgende Sätze auf:

1. Ein Honig, der nach der Dialyse die Polarisation nach rechts dreht, ist mit Stärkesirup verfälscht.

2. Ein Honig, der nach der Dialyse die Polarisation nicht nach rechts lenkt, ist nicht mit Stärkesirup versetzt.

Wir haben diese Angaben im folgenden nachgeprüft, indem wir eine Anzahl der verschiedensten Honigsorten der Dialyse unterwarfen und in bestimmten Zwischenräumen auf die Art der Polarisation prüften. Zu diesem Zwecke lösten wir den betreffenden Honig in zwei Teilen Wasser, klärten und entfärbten mit Knochenkohle, bestimmten die Polarisation, füllten die Lösung in einen aus Pergamentpapier durch Zusammenfalten hergestellten Beutel und hängten diesen in destilliertes Wasser unter fortwährendem Zu- und Abfluss des letzteren. Nach 10, 20, 30 und 45 Stunden fortgesetzter Dialyse wurde dann die Lösung auf den ursprünglichen Raumteil eingedampft und der Polarisation

---

*) Pharm. Zeitung 1890. S. 441.

unterworfen; letztere geschah in einem Halbschattenapparate nach Mitscherlich mit 198,4 langem Beobachtungsrohr. Sämtliche Proben wurden gleichzeitig dialysiert, also nach Möglichkeit unter denselben Versuchsbedingungen; von jeder Honigsorte wurden zwei nebeneinanderlaufende Versuche ausgeführt. Die verwendeten Honigsorten gaben mit Ausnahme des mit „Chile III" bezeichneten in ihrem übrigen Verhalten keine Ursache an ihrer Echtheit zu zweifeln, den rechtsdrehenden Elsässer Tannenhonig hatte Herr Dr. Haenle in Strassburg die Freundlichkeit uns zur Verfügung zu stellen; drei unzweifelhaft echte deutsche Honige entstammen der Bienenzüchterei des Herrn Apotheker C. Lang in Bomst, dessen reger Anteilnahme an unseren Versuchen wir diese Muster verdanken.

Die umstehende Zusammenstellung zeigt die erhaltenen Ergebnisse.

Es beweisen diese Zahlen, dass die fortgesetzte Dialyse sämtliche Honigsorten rechtsdrehend werden lässt, dass also nicht bloss im Tannenhonig, sondern auch in jedem anderen echten Honig rechtsdrehende Bestandteile vorhanden sind. Allerdings muss zwischen der ursprünglichen Linksdrehung und der nach der Dialyse vorhandenen Rechtspolarisation ein Zeitpunkt liegen, an welchem jeder Honig inaktiv ist, allein dieser Zeitpunkt ist nicht im voraus zu bestimmen. Jedenfalls sind für sein früheres oder späteres Eintreten in erster Linie die Beschaffenheit des Pergamentpapieres, die grössere oder geringere Schnelligkeit des durchströmenden Wassers, die Wärme des letzteren bestimmend; dass ausserdem jedoch noch andere Ursachen mitwirken müssen, die sich der Kenntnis entziehen, lehren die umstehenden Zahlen, denn obwohl sämtliche Proben gleichzeitig und in derselben Weise dialysiert wurden, zeigen nicht einmal die nebeneinander laufenden Versuche ein und desselben Musters eine Üebereinstimmung in Bezug auf die Zeitdauer bis zum Eintritt der inaktiven Polarisation. Ist jedoch für einen echten Honig weder der Eintritt der 0 $=$ Polarisation zu bestimmen, noch die letztere dauernd, so fällt damit die Grundlage des ganzen Prüfungsverfahrens.

Die mit Glukose versetzten Proben bestätigen nur die obigen Befunde noch weiterhin, denn die mit 20 $^0/_0$ und 30 $^0/_0$ Glukose versetzten unterscheiden sich bei der Dialyse garnicht vom Elsässer Tannenhonig. Nur der sogenannte Zuckerhonig entspricht den Haenle'schen Anforderungen, er enthält offenbar keine rechtsdrehenden Bestandteile. Dass diese Thatsache zur Unterscheidung dieses Kunstproduktes von echtem Honig von Wert ist, glauben wir nun freilich kaum, denn dem Fabrikanten wird es ein Leichtes sein, auch hier der Natur noch weiter zu Hilfe zu kommen!

Honigsorte:	Polarisation vor der Dialyse.	Polarisation nach der Dialyse von			
		10 Std.	20 Std.	30 Std.	45 Std.
1. aus Ostpreussen .	— 8,6⁰	— 2,0⁰ — 1,7⁰	+ 0,1⁰ — 0,9⁰	+ 0,6⁰ + 0,6⁰	—
2. aus Ostpreussen .	— 6,3⁰	+ 0,6⁰ + 0,5⁰	+ 1,6⁰ + 1,4⁰	+ 1,8⁰ + 1,4⁰	—
3. von uns selbst aus Waben ausgelassen (d. Apotheker Lang in Bomst). . . .	— 7,9⁰	— 0,9⁰	± 0″	+ 0,5⁰ + 0,5⁰	+ 0,3⁰ + 0,2⁰
4. v. Apotheker Lang in Bomst	— 6,3⁰	— 1,9⁰ — 1,7⁰	— 0,1⁰ — 0,4⁰	+ 0,7⁰ + 0,5⁰	+ 0,7⁰ + 0,2⁰
5. v. Apotheker Lang in Bomst	— 9,3⁰	— 2,7⁰	— 0,8⁰ — 1,0⁰	+ 0,6″ + 0,5⁰	+ 0,2⁰ + 0,5⁰
6. Elsässer, von Dr. Haenle i. Strassburg	+ 5,3⁰	+ 8,3⁰	+ 8,3⁰ + 9,0⁰	+ 7,2⁰	+ 6,3⁰ + 4,7⁰
7. Havanna	— 6,8⁰	— 2,3⁰ — 2,0⁰	+ 0⁰ ∓ 0,1⁰	+ 1,0⁰ + 0,9⁰	—
8. Havanna	— 6,0⁰	— 0,8⁰ — 0,5⁰	+ 0,1⁰ + 0,7⁰	+ 1,2⁰ + 1,2⁰	—
9. Domingo	— 6,9⁰	— 2,0⁰ — 1,0⁰	+ 0,4⁰ + 0,3⁰	+ 0,7⁰ + 0,5⁰	—
10. Domingo	— 5,9⁰	± 0,⁰ — 0,9⁰	+ 0⁰ ∓ 0,4⁰	+ 0,5⁰ + 0,7⁰	—
11. Chile	— 10,3⁰	— 4,7⁰ — 5,6⁰	— 0,7⁰ — 0,7⁰	+ 0,2⁰ + 0⁰	—
12. Chile Ia	— 8,3⁰	— 0,9⁰ — 1,9⁰	+ 0⁰ ∓ 0,5⁰	+ 1,0⁰ + 1,2⁰	—
13. Chile III	— 3,3⁰	+ 0,7⁰ + 0,9⁰	+ 2,2⁰ + 2,5⁰	+ 0,8⁰ + 1,9⁰	—
14. Rosario	— 11,6⁰	— 3,3⁰ — 2,5⁰	— 1,0⁰ — 0,8⁰	+ 0,8⁰ + 0,7⁰	—
15. Mexico	— 8,0⁰	— 2,0⁰ — 1,8⁰	+ 1,3⁰ + 1,0⁰	+ 1,5⁰ + 1,4⁰	—
16. Zuckerhonig . . .	— 9,7⁰	— 3,0⁰ — 2,0⁰	— 0,7⁰ — 0,9⁰	± 0⁰ — 0,6⁰ — 0,5⁰ — 0,7⁰	— — 0,1⁰ — 0,1⁰
17. Sorte 3 + 10 %₀ Glukose	— 3,4⁰	—	+ 1,9⁰	+ 2,0⁰	+ 1,9⁰
18. Sorte 3 + 20 % Glukose	+ 2,2⁰	—	+ 4,1⁰	+ 2,8⁰	+ 2,2⁰
19. Sorte 3 + 30 %₀ Glukose . . .	+ 7,4⁰	—	+ 6,1⁰	—	+ 3,8⁰

Unsere Befunde haben daher dargethan, dass die von Haenle aufgestellten beiden Sätze leider nicht richtig sind. Unsere Vermutung über die Ursachen dieser Verschiedenartigkeit in den beiderseitigen Ergebnissen geht dahin, dass Haenle, nachdem er den Zeitpunkt, an dem seine Honiglösungen inaktive Polarisation angenommen hatten, genau abgepasst hatte, nur 1—3 Stunden weiter dialysierte, um sich von der bleibenden 0 = Polarisation zu überzeugen, dass aber ein solcher Zeitraum zu kurz dazu gewesen sein dürfte — die Dialyse geht im Anfang immer schneller vor sich, als zu Ende — um den Beginn einer Rechtsdrehung zu bemerken.

Um dem die Rechtsdrehung verursachenden Körper näher zu treten, wurden die in den Dialysatoren verbleibenden Lösungen auf einen kleinen Raumteil abgedampft, mit Alkohol versetzt und nach dem Absitzen filtriert. Der nach dem Auswaschen mit Alkohol und Äther verbleibende Rückstand wurde über Schwefelsäure getrocknet; er bildete ein weisses, schwach salzig schmeckendes, hygroskopisches Pulver. Die Menge desselben war jedoch zu gering, um festzustellen, ob dasselbe mit dem Gallisin von Mader und Hilger*) identisch ist.

Die Erscheinung, dass in einigen der obigen Versuche die eingetretene Rechtsdrehung bei längerem Dialysieren wieder schwächer wird, scheint darauf hinzudeuten, dass der fragliche Körper selbst osmotische Eigenschaften, wenn auch geringere, als der Traubenzucker, besitzt.

Morphin.

Weitere Beiträge zur Morphinbestimmung und eine wesentliche Abkürzung der Helfenberger Morphin-Bestimmungsmethode.**)

Von Eugen Dieterich.

Wie mannigfaltig die Gesichtspunkte sind, von welchen aus man die Morphinbestimmung betrachten kann, das haben u. a. die vielen, die verschiedensten Fragen behandelnden Arbeiten der Helfenberger Fabrik — die Helfenberger Annalen 1886—1889 enthalten deren 31 — dargethan. Dass damit das Feld noch nicht erschöpft ist, und dass die Studien noch nicht als abgeschlossen betrachtet werden dürfen, das hat

---

*) Arch. f. Hyg. 1890. S. 400.
**) Mitgeteilt Pharm. Centralhalle 1890. S. 591.

erst kürzlich Looff durch Aufstellung eines neuen Verfahrens bewiesen*).
Wenn sich L. auch mehr an frühere Erfahrungen anlehnt und, wie wir
später zeigen werden, in seinen Voraussetzungen nicht ganz glücklich
ist, so hat er sich doch unleugbar das Verdienst erworben, zu Forschungen,
welche der Abkürzung der Zeitdauer bei der Morphinbestimmung gelten,
angeregt zu haben.

Wir brauchen wohl nicht erst zu versichern, dass uns die Looff'sche
Arbeit in hohem Grad interessierte; es war deshalb — wir möchten
sagen — selbstverständlich, dass wir uns eingehend mit der neuen
Methode beschäftigten. Wir benützten sie aber auch als Ausgangspunkt
für weitere Studien, stellten bei dieser Gelegenheit die Löslichkeit des
Morphins in verschiedenen Alkalien fest und waren schliesslich im stande,
unser eigenes Verfahren, mit Berücksichtigung der ihm vom Arzneibuch gegebenen Fassung, abzukürzen. Alle diese Arbeiten erlauben wir
uns hiermit vorzulegen.

A. Die Looff'sche Morphinbestimmung und ihre Ergebnisse.

Im Interesse des leichteren Verständnisses ist es notwendig, dass
wir das Looff'sche Verfahren hier wiederholen und auch einige Teile
der von ihm gegebenen Begründung anführen.

Looff'sche Morphinbestimmung.

5,0 feingepulvertes Opium
werden mit Wasser gut abgerieben und zu
78,0
aufgefüllt. Nach häufigem Umschütteln werden nach 1—2
Stunden
60,0
abfiltriert, die 4,0 Opium entsprechen.
Hierzu fügt man
0,2 Oxalsäure
und befördert die Lösung durch öfteres Umschwenken. Nach
Verlauf einer halben Stunde fügt man
5,2 Liq. Kalii carbonici (1 + 2)
hinzu, schwenkt gut um ohne überflüssiges Schütteln und filtriert
sofort durch ein vorbereitetes Faltenfilter von 12 cm Durch-

---

*) Apoth.-Zeitung 1890, **42**, 271.

messer in ein vorher tariertes kleines Erlenmeier'sches Kölbchen von 30,0 Inhalt,

16,5

ab, die 1,0 Opium entsprechen, fügt

5,0 alkoholfreien Äther

hinzu, schliesst das Kölbchen mit einem vorher ausgesuchten, gut schliessenden Stopfen und schüttelt 10 Minuten lang kräftig. Hierauf verdunstet man den Äther mittelst eines kleinen Hand-gummigebläses unter bisweiligem Umschwenken, filtriert das Mor-phin durch ein kleines, glattes Filter ab, wäscht es mit äther-gesättigtem Wasser gut aus und trocknet bei 40—50⁰. Mittelst eines kleinen Pinsels bringt man das Morphin in das ebenfalls getrocknete Kölbchen zurück und wägt bis zum konstanten Gewicht."

Bei Begründung dieses Verfahrens giebt L. an, dass er Kalium-karbonat zum Ausfällen des Narkotins und des Morphins gewählt habe,

„weil dem Ammoniak der Vorwurf gemacht wird, im Über-schuss, was bei geringwertigen Opiumsorten immer eintrifft, auf Morphin lösend einzuwirken."

Zur Anwendung der Oxalsäure heisst es:

„Ferner habe ich den Kalk vorher durch Oxalsäure entfernt und sodann durch grossen Überschuss des Fällungsmittels das Narkotin vollständig abgeschieden."

Da L. weder für die hier wörtlich aufgeführten Voraussetzungen, noch für seine Methode selbst Zahlenbelege beibringt, so bieten sich für vergleichende Arbeiten keine Anhalte. Es drängen sich aber um so notwendiger folgende Fragen auf:

1. Wie viel Morphin wird durch Ammoniak und wie viel durch Kaliumkarbonat gelöst?
2. Fällt, wenn man beim L.'schen Verfahren die Oxal-säure weglässt, ein kalkhaltiges Morphin aus?
3. Scheidet sich durch den Zusatz der Gesamtmenge Kaliumkarbonat beim Abfiltrieren des Narkotins nicht auch Morphin aus?
4. Hinterlässt die durch Blasen verdunstete Ätherschicht keinen, das Morphingewicht vermehrenden Rückstand?

Ehe wir zur Anwendung der L.'schen Methode selbst schritten, suchten wir obige Fragen zu beantworten. Wir erhielten dabei nachstehende Ergebnisse; wir wollen aber der umfänglichen Behandlung der ersten Frage einen besonderen Teil widmen und können deshalb mit der zweiten beginnen.

Ad. 2. Man sollte glauben, dass durch Kaliumkarbonat neben dem Narkotin und Morphin kohlensaurer Kalk ausgefällt wird. Um hierüber Gewissheit zu erhalten, stellten wir mit den nach Looff kalkhaltigen Opiumsorten (Smyrna-, Guévé- und Persischem Opium) je zwei Versuche in der Weise an, dass wir bei sonstigem Einhalten des L.'schen Verfahrens die Oxalsäure wegliessen, ohne das Kaliumkarbonat deshalb entsprechend zu verringern. Wenn Kalk ausfallen sollte, so musste dies unter den gegebenen Verhältnissen noch eher der Fall sein, als bei einer geringeren Menge Kaliumkarbonat. Jeder Narkotin- und jeder Morphin-Niederschlag wurde für sich durch Veraschen etc. auf Kalk geprüft; in keinem Falle jedoch konnte Kalk nachgewiesen werden. Es entsprach dies unseren früheren Beobachtungen, nach denen Kalk aus Mischungen, welche keinen Weingeist — wie bei Flückiger — enthalten, erst nach 10—12 Stunden ausfällt; daran ändert also selbst die Ersetzung des Ammoniaks durch Kaliumkarbonat nichts.

Die Schlussfolgerung muss notwendig dahin lauten:

Der Zusatz von Oxalsäure im Looff'schen Verfahren ist überflüssig.

Die hierbei gewonnenen Morphinwerte, welche der Vollständigkeit halber eine Stelle finden mögen, lauten folgendermassen:

	Nr.	$^0/_0$ Morphin
Opium Smyrnens. {	1.	10,30
{	2.	9,90
„ Guévé {	3.	5,80
{	4.	5,20
„ Persicum {	5.	6,90
{	6.	6,50

Dass die Morphinzahlen so niedrig sind, ist wahrscheinlich auf den durch das Weglassen der Oxalsäure bedingten Überschuss an Kaliumkarbonat zurückzuführen.

Ad 3. Nach früher von uns gemachten Erfahrungen (wir kommen darauf unten zurück) erschien es uns nicht unbedenklich, dass L. die Gesamtmenge des Kaliumkarbonats mit einem Mal zusetzen lässt. Looff behauptet allerdings, dass das Abfiltrieren des Narkotins nur

$^1/_2$ Minute Zeit in Anspruch nehme, und dass sich bis dahin wägbare Mengen Morphin nicht ausscheiden. Wir stellten einerseits die Zeitdauer des Abfiltrierens bei den nach L. ausgeführten Analysen fest und prüften andererseits die frischen Narkotinniederschläge mikroskopisch auf Morphinkrystalle. Es zeigte sich dabei, dass die Morphinausscheidungen stattfanden, sobald die Filtration länger als $^1/_2$ Minute dauerte. Das Letztere kommt aber in 3 Fällen einmal vor und ferner nimmt dann die Filtration mitunter dreimal so viel Zeit in Anspruch als Looff angiebt.

Es bestätigt dies frühere Beobachtungen von uns, die wir oben schon kurz erwähnten.*) In 32 Analysen hatten wir die in unserem Verfahren vorgeschriebenen 6 ccm Normal-Ammoniak in verschiedenen Verhältnissen beim Ausfällen von Narkotin einerseits und Morphin andererseits angewandt und gefunden, dass bei dem Zusetzen des Ammoniaks auf einmal bis $1\,^1/_2\,^0/_0$ weniger Morphin gewonnen wurde. Auch dort krystallisierte das Morphin beim Abfiltrieren des Narkotins heraus und um so mehr, je länger die Filtration dauerte.

Wir kommen darnach zum Schluss,

    a) dass das Zusetzen des Kaliumkarbonats **auf einmal** kein Vorzug, sondern ein Nachteil der Methode ist;

    b) dass dies Verfahren um so weniger angebracht erscheint, als schliesslich der Auszug von nur 1 g Opium zur Bestimmung gelangt und demnach der kleinste Verlust eine Quelle von Fehlern ist.

Ad 4. L. geht von der Ansicht aus, dass er durch das einmalige Zusetzen der Gesamtmenge Kaliumkarbonat alles Narkotin entfernt hat und dass Teile davon in den Äther nicht mehr übergehen können. Er lässt deshalb die Ätherschicht einfach durch Blasen verdunsten. Auch hier lauteten unsere, allerdings mit Ammoniak gemachten Erfahrungen anders. Wir hatten im Gegenteil gefunden, dass ein kleiner Teil des Narkotins in der Lösung zurückbleibt und derselben nur durch Ausschütteln mit Äther oder Essigäther entzogen werden kann.

Um auch für das L.'sche Verfahren ein sicheres Urteil zu gewinnen, wurde bei mehreren hiernach ausgeführten Bestimmungen die Ätherschicht mit weiterem Äther verdünnt, abgenommen und verdunstet. Wie vorauszusehen, hinterblieb ein Rückstand: er wog im Durchschnitt für die einzelne Analyse 0,010 und bestand aus — Narkotin!

---

*) Helfenb. Annalen 1887. S. 39, 40.

Es ist kaum anzunehmen, dass sich dieser Rückstand vollständig auf das Morphin niederschlägt und mit demselben zur Wägung gelangt, vielmehr dürfte die ätherische Lösung teilweise vom Filter aufgesogen werden. Die Gefahr für, wenn auch nicht grosse, Fehler liegt aber jedenfalls vor. Wir würden es für richtiger halten, wenn L. die Ätherschicht mit weiterem Äther verdünnen, abziehen und nachspülen liesse.

Dass das rasche Ausfällen des Morphins durch Schütteln von Erfolg sein musste, unterlag keinem Zweifel. Bereits im Jahre 1886*) hatten wir in dieser Richtung eine ganze Reihe von Versuchen angestellt und kamen auf Grund der Ergebnisse zu dem in einer besonderen These niedergelegten Schluss, dass sich das Morphin um so schneller und reichlicher ausscheidet, je mehr geschüttelt wird. Diese Beobachtung fand in zwei weiteren Arbeiten, welche zum Teil der Einwirkung des Schüttelns bei der Helfenberger**) und beim neuesten Flückiger'schen Verfahren***) gewidmet waren, ihre volle Bestätigung. Dass also L. die Zeit der Ausführung damit abkürzen konnte, war bereits vor Jahren und auch neuerdings von uns erwiesen und ziffernmässig belegt.

*　　*　　*

Nachdem wir die L.'sche Methode in ihren einzelnen Teilen einer Betrachtung unterzogen haben, gelangen wir zum Bericht über die Ergebnisse, welche sie bei ihrer Anwendung auf verschiedene Opiumsorten und beim Vergleich mit dem Helfenberger Verfahren lieferte. Wir benutzten hierzu vier Opiumsorten (Salonichi-, Smyrna-, Guévé- und Persisches Opium) und verwendeten die vom Morphin abfiltrierten Lösungen zum nachträglichen Ausschütteln des zurückgebliebenen Morphins.†) Desgleichen prüften wir das nach L. erhaltene Morphin auf seine Reinheit. Die nebenstehende Tabelle enthält die gewonnenen Zahlen.

Die Analysen nach Looff differieren in den vier Gruppen unter sich 0,8—1,7 %, während L. eine Differenz von nur 0,3 % angiebt. Wir erinnern hier daran, dass sich bei einer früheren Arbeit††) 34 nach der Helfenberger Methode ausgeführte Bestimmungen nur um 0,46 % von einander unterschieden.

---

*) Helfenb. Annalen 1886. S. 39.
**) Helfenb. Annalen 1886. S. 46 (Ad 4).
***) Helfenb. Annalen 1889. S. 93 (II).
†) Helfenb. Annalen 1887. S. 69.
††) Helfenb. Annalen 1887. S. 41.

Opium	% Morphin nach der Helfenberger Methode	% Morphin pro 1 Analyse durch Ausschütteln nachträglich gewonnen	% Morphin nach Looff	% ätherlösl. Teile (Narkotin) in dem nach Looff erhaltenen Morphin
	Nr.		Nr.	
	7. 16,45		17. 12,90	
	8. 16,48	0,31	18. 14,30	
	9. 16,52		19. 14,30	
	10. 16,58		20. 14,90	
			21. 14,60	
Salonique-		1,30	22. 13,40	0,8
			23. 13,90	
			24. 13,70	
			25. 13,50	
			26. 14,00	
			12,90–14,00	
			Differenz: 1,1 %	Asche nicht wägbar
	11. 14,05	0,49	27. 9,80	
	12. 14,12		28. 10,40	
Smyrna-		1,32	29. 11,00	0,9
			30. 9,70	
			9,70–11,40	
			Differenz: 1,7 %	Asche nicht wägbar
	13. 11,40	0,82	31. 7,90	
	14. 11,50		32. 7,50	
Guévé-		2,38	33. 7,10	0,8
			34. 7,70	
			7,10–7,90	
			Differenz: 0,8 %	Asche nicht wägbar
	15. 8,45	0,75	35. 6,40	
	16. 8,95		36. 6,10	
Persisches		3,12	37. 6,80	0,75
			38. 6,00	
			6,00–6,80	
			Differenz: 0,8 %	Asche nicht wägbar

Im Vergleich mit den nach dem Helfenberger Verfahren ausgeführten Analysen stehen die L.'schen Resultate erheblich gegen jene zurück und sind teilweise sogar ungenügend. Jedenfalls wird das $1\,^0/_0$, welches L. als Differenz zwischen seinem und unserem Verfahren angiebt, erheblich überschritten.

Bemerkenswert sind noch die Morphinwerte, welche bei den L.'schen Analysen durch Ausschütteln gewonnen wurden.

Nach L. erhält man ein weisseres Morphin, wie nach dem hiesigen Verfahren. Es liegt dies bei L. teils in der Anwendung eines dünneren Opiumauszugs, teils in der durch das Schütteln gestörten Krystallisation und umgekehrt in der Bildung von Mikrokrystallen. Wenn man ein nach dem hiesigen Verfahren ausgeschiedenes Morphin zu Pulver zerreibt, so erscheint es fast ebenso weiss, wie jenes. Übrigens beeinflusst der geringe Gehalt an Farbstoff das Gewicht des Morphins in so minimalen Mengen, dass er in dieser Beziehung gar nicht in Betracht kommt.

Vergegenwärtigen wir uns die mit dem Looff'schen Verfahren gemachten Beobachtungen, so können wir sie in folgende Punkte zusammenfassen:

a) Durch die Ersetzung des Ammoniaks durch Kaliumkarbonat wird eine höhere Morphinausbeute nicht erzielt.

b) Der Zusatz von Oxalsäure ist überflüssig, weil auch ohne denselben ein kalkfreies Morphin ausgeschieden wird.

c) Der Opiumauszug ist zu dünn und teilweise die Ursache der zu niederen Werte.

d) Das Zusetzen des Kaliumkarbonats kann zu vorzeitigem Ausscheiden von Morphin führen und ist zu verwerfen, umsomehr als schliesslich nur die Lösung von 1 g Opium zur Bestimmung gelangt.

e) Die Ätherschicht ist nicht zu verdunsten, sondern besser mit weiterem Äther zu verdünnen, abzuheben und nachzuwaschen.

f) Durch das Schütteln wird die Morphinausscheidung befördert und das Verfahren abgekürzt; es ist als ein Fortschritt zu begrüssen.

Alles zusammengenommen können wir uns nicht zu der Ansicht bekennen, dass die L.'sche. Morphinbestimmung den Anforderungen der Jetztzeit genügt, oder gar an die Leistungsfähigkeit des Helfenberger Verfahrens heranreicht.

B. Die Löslichkeit des Morphins in ätzenden, kohlensauren und doppeltkohlensauren Alkalien.

Wie so manche Behauptung ohne die Basis des Beweises festen Fuss fassen und immer wieder störend auftreten kann, dazu liefert die Annahme, dass Ammoniak mehr Morphin zu lösen im stande sei, wie Kaliumkarbonat, ein sprechendes Beispiel. Wiederholt begegneten wir diesem Glauben, aber keiner der Gläubigen hat sich bis jetzt die Mühe genommen, sich Gewissheit zu verschaffen. Wir glaubten mit Feststellung der Löslichkeit des Morphins in den verschiedenen Alkalien eine Lücke auszufüllen, knüpften daran aber auch noch die Frage:

Welches Alkali ist zur Auscheidung des Morphins in Opiumauszügen am geeignetsten?

Zur Bestimmung der Löslichkeit verwendeten wir die Alkalien in Mengen, welche einerseits dem Normal-Ammoniak und andererseits dem $^1/_{10}$-Normal-Ammoniak äquivalent waren. Da auch Bikarbonate in Betracht kamen, durften wir nicht, wie es am einfachsten gewesen wäre, das Morphin heiss mit den Lösungen behandeln, um dann das überschüssig Gelöste beim Erkalten auskrystallisieren zu lassen, sondern wir mussten Lösungen längere Zeit kalt einwirken lassen.

Unser Verfahren war demnach folgendes:

0,5 g fein zerriebenen Morphins

macerierten wir unter häufigem Schütteln 8 Tage lang in Zimmertemperatur mit

50,0 g des Lösungsmittels,

filtrierten dann das Ungelöste ab, wuschen es mit Wasser aus und trockneten es bei 50°. Durch Wägung wurde in der Differenz der gelöste Teil festgestellt.

Bei $^1/_{10}$-Normalkali- und bei $^1/_{10}$-Normalnatronlauge mussten wir von 2,0 g Morphin ausgehen, da beide ein besonders hohes Lösungsvermögen besassen. Bei Anstellung einer doppelten Reihe von Versuchen erhielten wir die in nachstehender Tabelle verzeichneten Werte:

1 Morphin löst sich in:

	Normal-	$^1/_{10}$-Normal-
Ammoniak	198	505
Kohlensaures Ammon, glasig	2500	3300
„ „ amorph	2500	3125
Kalilauge	—	36

	Normal-	$^1/_{10}$-Normal-
Kohlensaures Kalium . . .	264	500
Doppeltkohlensaures Kalium .	2500	4166
Natronlauge	—	30
Kohlensaures Natrium . . .	714	1111
Doppeltkohlensaures Natrium .	2272	3125

Nach diesen Zahlen steht Kaliumkarbonat im Verhalten zu Morphin dem Ammoniak gleich.

Angenommen nun, Looff's Spekulation, dass mit einem Alkali mit geringerem Lösungsvermögen mehr Morphin ausgefällt werden müsse und dementsprechend weniger in Lösung zurückbleiben könne, wäre richtig, dann wären die Bikarbonate von Kalium und Natrium dem Ammoniak weit überlegen. Dass sich die Sache in der Praxis anders verhält, zeigt die folgende Tabelle.

	Analysen-Nummer	% Morphin bei ruhigem Stehen nach 6 Stunden ausgeschieden	% Morphin bei ruhigem Stehen nach weiteren 12 Stunden ausgeschieden
Kal. carbonic.	39.	12,50	—
	40.	12,95	
Kal. bicarbonic.	41.	2,62	2,02
	42.	2,05	3,01
Natr. carbonic.	43.	13,10	—
	44.	12,80	
Natr. bicarbonic.	45.	3,62	5,12
	46.	5,50	3,50
Ammon. carbonic. (glasig)	47.	6,05	—
	48.	6,62	

Bei diesen Versuchen ist das Ammoniak durch die namhaft gemachten Alkalien, welche in äquivalenten Mengen angewandt wurden, ersetzt. Das hier benützte Opium war eine Smyrna-Ware, welche bei der Bestimmung nach unserem gewöhnlichen Verfahren 14,05 bis 14,12 % Morphin enthielt.

Nach diesen Resultaten scheiden nicht diejenigen Alkalien, welche am wenigsten Morphin zu lösen vermögen, deshalb am meisten aus den

Opiumauszügen aus, vielmehr sind sie zu schwach, die organische Morphinverbindung zu zerlegen.

Wollte man nun umgekehrt folgern, dass Natron- und Kalilauge, weil sie am meisten Morphin aufnehmen, am geeignetsten sein müssten, so würde man ebenfalls in einen Fehler verfallen. Bereits im Jahre 1886 ersetzten wir in 10 Versuchen das Ammoniak durch Kalilauge*), erzielten aber damit durchgehends niedrigere Werte, wie mit Ammoniak.

Ohne Rücksicht auf das Lösungsvermögen gegen Morphin ist bis jetzt das Ammoniak das geeignetste Fällungsmittel.

Im Anschluss an obige Zahlen wurde noch versucht, in die nach dem Helfenberger Verfahren mit der zweiten Partie Normalammoniak versetzte Mischung einen Kohlensäurestrom 10 Minuten lang einzuleiten. Die Einströmung und das Entweichen des Gases sollte die Schüttelbewegung ersetzen und andererseits hofften wir, durch eine nachträgliche Karbonatbildung die letzten Reste Morphin auszufällen. Wir benützten das schon oben erwähnte Smyrna-Opium (14,05—14,12 $^0/_0$) und erhielten

Nr. 49: 11,18 $^0/_0$ Morphin,
„ 50: 12,42 „ „

Vielleicht hätten wir durch ein längeres Einleiten des Gases bessere Erfolge erzielen können, dann aber würde das Verfahren eine praktische Bedeutung nicht mehr gehabt haben.

Fassen wir das, was wir in diesem Kapitel erfahren haben, zusammen, so kommen wir zu folgender These:

> Das Lösungsvermögen der Alkalien gegen Morphin ist unabhängig von ihrer Eigenschaft, Morphin aus Opiumauszügen abzuscheiden.

C. Abgekürzte Helfenberger Morphinbestimmung.

Die Aufstellung des Looff'schen Verfahrens entsprang dem Verlangen nach einer Abkürzung der bisherigen Morphinbestimmungsmethode, wie es beispielsweise für Revisionszwecke wünschenswert erscheinen mag: da das Looff'sche Verfahren jedoch nach dem Vorstehenden in Bezug auf Genauigkeit und Zuverlässigkeit die Helfenberger Methode nicht zu erreichen vermag, so haben wir es unternommen, letztere im

---

*) Helfenb. Annalen 1886. S. 50.

folgenden so zu gestalten, dass sie auch nach dieser Richtung hin genügend erscheint.

Wie Looff, haben wir zu diesem Zwecke die Schüttelbewegung herangezogen, brauchten jedoch hierbei nur auf früher bereits von uns Bearbeitetes zurückzugreifen, denn wir haben die Einwirkung der Schüttelbewegung auf die Ausscheidung des Morphins*) schon auf das Eingehendste studiert.

Dementsprechend trafen wir in unserem bisherigen Verfahren nur die Änderung, dass wir das sechsstündige Stehenlassen durch fünf Minuten lang dauerndes Schütteln ersetzten; wir erhielten auf diese Weise Werte, welche die nachfolgende Zusammenstellung veranschaulicht.

Die nebenstehenden Zahlen können als befriedigend bezeichnet werden. Wenn das Persische Opium die grösste Differenz zeigt und ein Morphin mit höherem Narkotingehalt liefert, so entspricht dies unseren stets damit gemachten Erfahrungen. Erklären lässt sich die Erscheinung vielleicht damit, dass die Persische Ware mehr Narkotin wie die anderen Handelssorten und davon oft 10, selbst 12 $^0/_0$ enthält. Jedenfalls durften wir nach solchen Ergebnissen unser Verfahren einfügen, ohne irgend einen Misserfolg fürchten zu müssen. Wir geben unserem Verfahren genau die Fassung der Pharmakopöe, werden aber jene Stellen, welche Änderungen durch uns erfuhren, durch fetten Druck hervorheben; bemerken wollen wir hierzu, dass wir den seinerzeit von uns aufgenommenen Essigäther beibehalten, weil damit ein weisseres, also von Farbstoff freieres, Morphin erzielt wird.

Statt des von uns erfolgreich angewandten 5 Minuten langen Schüttelns haben wir, gleich Looff, 10 Minuten festgesetzt, da uns die Analysen 51—70 noch nicht genügende Gewähr für die Richtigkeit dieser Abkürzung zu bieten schien.

Mit Berücksichtigung des Gesagten erhält die Methode folgende Fassung:

Abgekürzte Helfenberger Morphin-Bestimmung.

6 g **feines** Opiumpulver

reibt man mit

6 g Wasser

an, verdünnt, spült die Mischung mit Wasser in ein gewogenes Kölbchen und bringt den Inhalt durch weiteren Wasserzusatz auf

54 g Gesamtgewicht.

---

*) Helfenb. Annalen $\left\{ \begin{array}{l} \text{1886. S. 39 u. 46.} \\ \text{1889. S. 94.} \end{array} \right.$

Opium mit Angabe des nach bisherigem Verfahren festgestellten Morphingehaltes.	Analysen-Nummer.	% Morphin nach dem veränderten Verfahren.	Äther-lösliche Teile im erhaltenen Morphin.
Smyrna- (14,05—14,12 %)	51. 52. 53. 54. 55. 56.	14,30 14,18 14,38 ·14,08 14,12 14,40 14,08—14,40 Differenz: 0,32 %	0,9 %
Salonique- (16,45—16,58 %)	57. 58. 59. 60. 61. 62.	16,31 16,40 16,35 16,48 16,29 16,58 16,29—16,58 Differenz: 0,29 %	1,0 %
Guévé- (11,40—11,50 %)	63. 64. 65. 66.	11,55 11,62 11,72 11,82 11,55—11,82 Differenz: 0,27 %	0,8 %
Persisches (8,45—8,95 %)	67. 68. 69. 70.	8,48 9,25 9,00 9,05 8,48—9,25 Differenz: 0,77 %	1,4 %

Man lässt unter öfterem Schütteln nur $^1|_4$ Stunde lang stehen und filtriert dann durch ein Faltenfilter von 10 cm Durchmesser.

42 g des Filtrates

versetzt man mit

2 g einer Mischung

aus 17 g Ammoniakflüssigkeit und 83 g Wasser, mischt gut durch Schwenken (nicht Schütteln) und filtriert sofort durch ein bereitgehaltenes Faltenfilter von 10 cm Durchmesser.

36 g dieses Filtrates

mischt man in einem genau gewogenen Kölbchen durch Schwenken mit

10 g **Essigäther,**

fügt

4 g der obigen verdünnten Ammoniakflüssigkeit

hinzu, verkorkt das Kölbchen und schüttelt 10 Minuten lang recht kräftig.

Um die durch das Schütteln gebildete Emulsion zu trennen, fügt man dann sofort

10 g **Essigäther**

hinzu, giesst die Essigätherschicht vorsichtig und so weit wie möglich ab, fügt nochmals

10 g **Essigäther**

hinzu und wiederholt das Abgiessen. Man bringt nun den Inhalt des Kölbchens mit der geringen überstehenden Essigätherschicht und ohne Rücksicht auf die im Kölbchen verbleibenden Krystalle auf ein glattes Filter von 8 cm Durchmesser und spült Kölbchen und Filter zweimal mit

5 g **essigäthergesättigtem Wasser**

nach.

Nachdem man das Kölbchen gut hat austropfen lassen, und das Filter ebenfalls vollständig abgelaufen ist, trocknet man beide bei 100°, bringt den Filterinhalt mittelst Pinsels in das Kölbchen und setzt das Trocknen bis zum gleichbleibenden Gewicht fort.

Wir glauben nicht, dass die Opiumuntersuchung besonders berufen ist, bei den Apotheken-Revisionen eine hervorragende Rolle zu spielen. Wenn sie aber notwendig sein sollte, dann ist sie bei Einhaltung obigen Ganges bequem durchzuführen. Nehmen wir an, dass der Untersuchende — wir werden die notwendige Zeit reichlich bemessen — dass ausgeschiedene Morphin in 45 Minuten auf dem

Filter hat, und räumen wir dem Trocknen (das Vorhandensein einer geeigneten Vorrichtung vorausgesetzt) und dem Wägen $1^2/_4$ Stunden ein. Geben wir dann noch $^1/_2$ Stunde für unvorgesehene Hindernisse zu, dann ist die Untersuchung in 3 Stunden vollendet.

*　　*　　*

Wir haben uns bemüht, bei Kritik der Looff'schen Methode möglichst gewissenhaft zu sein und haben daher unsere Ansichten mit einem grösseren Zahlenmaterial, als es sonst wohl üblich ist, belegt; unsere Kritik dürfte deshalb um so mehr Anspruch auf Gerechtigkeit haben.

Wir selbst haben mit unseren Arbeiten freilich nicht immer die gleich gründliche Beurteilung erfahren und müssen bei dieser Gelegenheit gegen zwei Nota der Neuzeit Widerspruch erheben.

J. B. Nagelvoort berichtet*) aus dem Laboratorium von Parke, Davis & Co. in Detroit über Opiumuntersuchungen und über vergleichende Anwendung verschiedener Verfahren. Obwohl N. nicht eine einzige nach der Helfenberger Methode ausgeführte Analyse beibringt, kommt er nichtsdestoweniger zu einem absprechenden Urteil und ausserdem in einer Fussnote zu folgendem Erguss über unsere, dem letzten Flückiger'schen Verfahren gewidmete Abhandlung:

> *„Dieterich's ungunstige Resultate sind unredlich (unfairly) erlangt. Er weist in den Helfenberger Annalen 1889 eine prächtige Reihe von 54 vergleichenden Prüfungen auf, von welchen nicht eine einzige mit Flückiger übereinstimmt."*

Den Verfasser trifft allerdings der Vorwurf nicht, seine vorliegende Arbeit oder gar seine uns geltende Kritik auch nur annähernd analytisch belegt zu haben. Da es zum Zurückweisen von Angriffen obiger Form parlamentarische Ausdrücke nicht giebt, begnügen wir uns damit, den Verfasser durch Wiedergabe seiner eigenen Worte zu kennzeichnen.

Wenn wir die obige Auslassung nicht recht ernst nehmen, so müssen wir es um so mehr beklagen, wenn ein hochgeschätzter deutscher Forscher**) es fertig bringt, sich auf Grund von fünf Zahlen, unter welchen drei mit der Methode des Arzneibuches (Helfenberger) und je eine mit dem Flückiger'schen und Hager'schen Verfahren gewonnen sind, ein Urteil zu bilden und damit sogar an die Öffentlichkeit zu treten.

---

*) American Journ. of Pharmacy 1890, **8,** 407.
**) Thümmel, Pharm. Zeitung 1890. S. 520.

Glaubt derselbe, für ein anderes Morphinbestimmungsverfahren öffentlich eintreten zu müssen, so dürfen wir wohl erwarten, dass er seine Ansicht in einer der Wichtigkeit der Sache entsprechenden Weise begründet; wir werden eine solche Kritik sehr gern über uns ergehen lassen, und die Allgemeinheit kann ihm nur dankbar dafür sein.

Erwiderung.[*]

Unsere kürzlich veröffentlichten „Weiteren Beiträge zur Morphinbestimmung"[**], welche auch eine eingehende Kritik des Looff'schen Verfahrens enthielten, fanden von seiten des Letzeren eine Erwiderung[***]. Da dieselbe verschiedene falsche Schlüsse enthält, sind wir genötigt, darauf zu antworten.

L. bringt vor allem eine Reihe von Zahlen, die er mit seinem Verfahren und mit Zugrundelegung der hiesigen Methode gewonnen hat. Dieselben bestätigen im allgemeinen das von uns Gesagte, dass nämlich das L.'sche Verfahren niedrigere Werte liefert, wie das hiesige. Wenn die mit seinem Verfahren gewonnenen Zahlen geringere Unterschiede zeigen, wie wir sie erhielten, so haben wir dafür keine Erklärung, aber wir müssen auch den Vorwurf, durch Anwendung verschiedener Filtrierpapiere solche Unterschiede hier herbeigeführt zu haben, entschieden zurückweisen.

L. stimmt dem bei, dass durch die Ersetzung des Ammoniaks durch Kaliumkarbonat eine höhere Morphinausbeute nicht erzielt wird, setzt aber dabei voraus, dass der Morphingehalt ein normaler von $12-16\,\%$ sei und dass die in unserem Verfahren vorgeschriebene Ammoniakmenge zur Anwendung komme. Umgekehrt soll das also heissen, dass das Kaliumkarbonat bei nicht normalem Morphingehalt mehr leiste als Ammoniak. Dürfen wir uns hierzu die Frage nach Beweisen erlauben? Wie sich die Helfenberger Methode morphinarmen Opiumsorten gegenüber verhält, haben wir vor einigen Jahren in einer besonderen Arbeit gezeigt[†], wir können diesen Punkt also übergehen. Es wäre nun an L., das Gleiche zu thun und dann erst von den Eigenschaften des Kaliumkarbonats zu sprechen. Wenn L. mit unsererer Methode unter Anwendung der gleichen Mengen Doppel-Normal-Ammoniak weniger

---

[*] Mitgeteilt Pharm. Centralhalle 1890. S. 729.
[**] Ph. C. 1890, No. 40.
[***] Ph. C. 1890, No. 46.
[†] Helfenb. Annalen 1887. S. 75

Ausbeute erhalten hat, so berichtet er damit nichts Neues, sondern er bringt uns eine Bestätigung dessen, was wir ebenfalls schon vor Jahren mitteilten*). L. versäumt aber auch hier die Parallele, nämlich das Kaliumkarbonat in seinem Verfahren ebenfalls in doppelter Menge anzuwenden und die gewonnenen Zahlen vorzulegen.

L. sagt: „Dieterich erklärt selbst beide Fällungmittel für gleich-wertig."

Das beruht offenbar auf einer falschen Auffassung, denn in unserer Arbeit heisst es nach Vorlegung der Zahlen, welche wir beim Lösen des Morphins in den verschiedenen Alkalien erhielten, wörtlich: „Nach diesen (!) Zahlen steht Karliumkarbonat im Verhalten zu Morphin dem Ammoniak gleich."

Es ist hier also nur als Lösungs-, nicht aber als Fällungs-mittel gedacht. Dieser Unterschied findet noch entschiedeneren Ausdruck durch die These: „Das Lösungsvermögen der Alkalien gegen Morphin ist unabhängig von ihrer Eigenschaft, Morphin aus Opiumaus-zügen abzuscheiden."

Auch heisst es an anderer Stelle: „Ohne Rücksicht auf das Lösungsvermögen gegen Morphin ist bis jetzt das Ammoniak das geeignetste Fällungsmittel!"

Die drei letzteren Citate besagen also direkt das Gegenteil von Dem, was wir nach L. meinen.

Wenn L. in Bezug auf den Kalkgehalt des Opiums in verschiedenen Fällen andere Resultate bekam, wie wir, so bescheiden wir uns. Wir wiederholen aber, dass wir auch bei kalkhaltigem Opium ein kalkfreies Morphin nach seinem Verfahren ohne Anwendung der Oxalsäure erhielten.

Unserer Behauptung, dass der Zusatz der ganzen Alkalimenge auf einmal unrichtig sei und dass dies, wie die mikroskopische Prüfung hier gezeigt habe, ein vorzeitiges Auskrystallisieren und damit einen Verlust an Morphin bei zufällig langsamerem Filtrieren im Gefolge habe, sucht L. dadurch zu entkräften, dass er entgegnet, derselbe Vorwurf (nämlich der des langsamen Filtrierens) treffe auch unser Verfahren. Angenommen, L. habe hierin Recht, so übersieht er doch dabei, dass es sich nicht um das langsame Filtrieren, sondern um dessen Folgen handelt. Er giebt selbst zu, dass bei unscrem Verfahren beim Abfiltrieren des Narkotins Morphin vorzeitig nicht auskrystallisiert. Wir andererseits wiesen aber auf Grund der mikroskopischen Untersuchung nach, dass dies bei seiner

---

*) Helfenb. Annalen 1886. S. 46.

Methode dann der Fall ist, wenn das Filtrieren — was hier wiederholt beobachtet wurde — nicht programmmässig verläuft. Dass letzteres seinen Grund nur im Zusetzen der ganzen Menge des Kaliumkarbonats hat, steht nach früheren Arbeiten von uns ausser allem Zweifel. Der Einwand, dass da⅛ Auskrystallisieren des Morphins bei Anwendung Wenderoth'schen Filtrierpapieres nicht stattfinde, ist nicht stichhaltig: denn niemand wird im Ernst eine analytische Methode auf eine besondere Handelsmarke Papier, dessen Fortexistenz niemand gewährleisten kann, zuschneiden wollen.

L. hält weiter das Abblasen des Äthers für richtiger, wie das Abgiessen und Nachwaschen. Er sagt, dass der Äther nicht Narkotin. sondern Morphin und ausserdem Kodeïn und Papaverin enthalte. Wir werden dieser Frage eine besondere Arbeit widmen und später darauf zurückkommen.

L. hat das abgekürzte hiesige Verfahren angewandt und kommt zu dem Schluss, dass er die Anwendung des Essigäthers an Stelle des Äthers nicht für gut halte; er begründet dies wörtlich so: „Der Essigäther entzieht dem Opium Farbstoff und bildet eine gelbliche Flüssigkeit."

Allerdings entzieht der Essigäther Farbstoff, aber das ist in unseren Augen sein Vorzug! Auch besitzt er die schätzenswerten Eigenschaften, weniger Morphin und umsomehr Narkotin zu lösen. Wie unsere diesbezüglichen Bestimmungen *) zeigen, ist

1 Morphin löslich in **1250** Äther und in **1665** Essigäther,
1 Narkotin löslich in **178** Äther und in **31** Essigäther.

Wir halten es deshalb für einen entschiedenen Fehler des Arzneibuches, dass es von der Verbesserung des hiesigen Verfahrens durch Essigäther keine Notiz genommen hat.

L. weist an mehreren Stellen darauf hin, dass das nach unserem Verfahren ausgeschiedene Morphin nicht so hellfarbig ausfällt, wie das nach seiner Methode gewonnene. Das ist völlig richtig, der Unterschied ist aber so gering, dass er eigentlich eine besondere Betonung nicht verdient. Um eine dunklere Abstufung hervorzubringen, sind so minimale Mengen Farbstoff genügend, dass das Gewicht des Morphins nicht entfernt dadurch vermehrt wird, aber am allerwenigsten lassen sich dadurch die nach dem L.'schen Verfahren erhaltenen Minderwerte erklären.

---

* Helfenb. Annalen 1887. S. 67.

Fassen wir oben Gesagtes zusammen, so können wir die L.'schen Einwendungen als zutreffend nicht anerkennen; wir müssen vielmehr unsere Kritik des L.'schen Verfahrens in allen ihren Teilen aufrecht erhalten.

Chemische Fabrik in Helfenberg bei Dresden.

Eugen Dieterich.

Ueber die Schütteldauer bei der abgekürzten Helfenberger Morphinbestimmung und über die Temperatur beim Trocknen des Morphins.*)

In unseren letzten Beiträgen zur Morphinbestimmung (Ph. C. 1890, Nr. 40) liessen wir unentschieden, ob beim Ausschütteln des Morphins, wie es jetzt beim abgekürzten Helfenberger Verfahren zur Anwendung kommt. 5 Minuten genügen oder ob 10 Minuten, die wir vorschrieben, nötig seien. Obwohl die Ergebnisse einer solchen Forschung sich nur in kleinen Bruchteilen bewegen konnten, so glauben wir doch nach dem Grundsatze. stets das Beste anzustreben, von der Lösung dieser Frage nicht abstehen zu sollen. Die Gelegenheit bot sich so günstig dar zum Aufwerfen und Beantworten einer weiteren Frage.

Bei einer früheren, dem Krystallwassergehalt des Morphins gewidmeten Arbeit**) hatte sich ergeben, dass das Krystallwasser schon bei 60^0 aus dem Morphin zu entweichen beginnt, dass man also entweder bei 50^0 trocknen muss, um das Morphin einschliesslich Krystallwasser zur Wägung zu bringen, oder 100^0 anzuwenden hat, wenn man fast wasserfreies Morphin zu erhalten wünscht. Das Deutsche Arzneibuch hat letzteres Verfahren gewählt und, wie wir sehen werden, mit Recht. Freilich sind die Unterschiede nach Ab- und Hinzurechnen des Krystallwassers so geringfügig, dass es sich eigentlich ziemlich gleich bleibt, welches Verfahren man einhält, und das es sich vielmehr darum handelt, welche der beiden Trockenverfahren bequemer ist. Von diesem letzeren Standpunkt aus betrachtet, verdient das Trocknen bei 100^0 den Vorzug, da das Innehalten dieser Temperatur viel weniger Schwierigkeiten, wie das von 50^0 verursacht.

Wir verfuhren nun derart, dass wir Smyrna-, Salonichi- und Guévé-Opium nach unserem abgekürzten Verfahren untersuchten und bei 20 Analysen 5 und bei 15 Analysen 10 Minuten lang schüttelten. Weiter trockneten wir bei den Proben des Salonichi- und des Guévé-Opiums das Morphin anfänglich bei 50—55^0, wogen, setzten das Trocknen bei 100^0 fort und wiederholten das Wägen.

---

*) Mitgeteilt Pharm. Centralhalle 1890. S. 751.
**) Helfenb. Annalen 1888. S. 102.

Analysen-Nr.	Morphin %		% Gewichtsverlust bei 100° des bei 50—55° getrockneten Morphins
	50—55° getrocknet	100° getrocknet	
	5 Minuten geschüttelt.		
1.		13,45	
2.		13,37	
3.		13,32	
4.		13,50	
5.		13,35	
6.		13,40	
7.		13,38	
8.		13,35	
		13,32—13,50.	
		Differenz: 0,18.	
		Mittel: 13,39.	
Smyrna-Opium.	**10 Minuten geschüttelt.**		
9.		13,45	
10.		13,52	
11.		13,52	
12.		13,50	
13.		13,47	
14.		13,57	
15.		13,47	
		13,45—13,57.	
		Differenz: 0,12.	
		Mittel: 13,50.	
		13,50	
		13,39	
		0,11% im Mittel mehr durch 10 Min. Schütteln.	
	5 Minuten geschüttelt.		
16.	16,35	15,22	6,91
17.	16,33	15,22	6,79
18.	16,40	15,22	7,19
19.	16,40	15,27	6,88
20.	16,47	15,35	6,80
21.	16,55	15,47	6,52
	16,33—16,55.	15,22—15,47.	6,52—7,19.
	Differenz: 0,22.	Differenz: 0,25.	Differenz: 0,67.
	Mittel: 16,41.	Mittel: 15,29.	Mittel: 6,84.

	Ana-lysen-Nr.	Morphin %		% Gewichtsver-lust bei 100° des bei 50—55° getrockneten Morphins
		50—55° getrocknet	100° getrocknet	
Salonichi-Opium.		**10 Minuten geschüttelt.**		
	22.	16,60	15,47	6,80
	23.	16,42	15,37	6,32
	24.	16,52	15,45	6,47
	25.	16,50	15,40	6,66
		16,42—16,60.	15,37—15,47.	6,32—6,80.
		Differenz: 0,18.	Differenz: 0,10.	Differenz: 0,48.
		Mittel: 16,51.	Mittel: 15,42.	Mittel: 6,56.
		16,51 16,41	15,42 15,29	
		0,10% im Mittel mehr durch 10 Min. Schütteln.	**0,13%** im Mittel mehr durch 10 Min. Schütteln.	
		5 Minuten geschüttelt.		
	26.	11,85	11,10	6,32
	27.	11,85	11,05	6,75
	28	11,75	11,00	6,39
	29.	11,95	11,17	6,52
	30.	11,97	11,15	6,85
	31.	12,05	11,25	6,63
		11,75—12,05.	11,00—11,25.	6,32—6,85.
		Differenz: 0,30.	Differenz: 0,25.	Differenz: 0,53.
		Mittel: 11,90.	Mittel: 11,12.	Mittel: 6,57.
Guévé-Opium.		**10 Minuten geschüttelt.**		
	32.	12,27	11,47	6,52
	33.	12,25	11,40	6,93
	34.	12,30	11,42	7,15
	35.	12,17	11,35	6,73
		12,17—12,30.	11,35—11,47.	6,52—7,15.
		Differenz: 0,13.	Differenz: 0,12.	Differenz: 0,63.
		Mittel: 12,24.	Mittel: 11,41.	Mittel: 6,83.
		12,24 11,90	11,41 11,12	
		0,34% im Mittel mehr durch 10 Min. Schütteln.	**0,29%** im Mittel mehr durch 10 Min. Schütteln.	

Die vorstehende Zusammenstellung enthält die Ergebnisse dieser Arbeit, besonders auch die Gewichtsverluste in Prozenten auf Morphin berechnet, welche durch das Trocknen bei 100⁰ entstanden waren.

Die erstere Frage (5 oder 10 Minuten Schütteln) entscheiden die Zahlen zu Gunsten der 10 Minuten. Nicht nur, dass die Ausbeuten um 0,1—0,3 $\%$ mehr betragen, stimmen ausserdem auch noch die Ziffern der einzelnen Analysengruppen noch genauer überein. Gerade auf den letzteren Umstand möchten wir einen besonderen Wert legen.

Die zweite Frage erledigt sich zu Gunsten des Trocknens bei 100⁰. Die Unterschiede der Morphinausbeuten bei den Analysen einer Gruppe sind noch geringer, wie bei dem bei 50—55⁰ getrockneten Morphin.

Dem sich ergebenden höheren Krystallwassergehalt im Vergleich mit früher von uns gemachten Bestimmungen*) ist eine Bedeutung deshalb nicht beizulegen, weil wir bei dem hier gewonnenen Morphin einen kleinen Gehalt von hygroskopischen Extraktivstoffen annehmen dürfen, während wir damals zur Krystallwasserbestimmung reines Morphin benützten.

*   *
*

Zu den vorstehenden Arbeiten, insbesonders zu ersteren, sehen wir uns auf Grund späterer Beobachtungen genötigt, folgendes nachzutragen:

Nicht jedes Opiumpulver liefert bei Ausführung der Prüfung nach dem Macerieren so viel Filtrat, dass man davon 42 g entnehmen könnte, es kommt vielmehr vor, dass man nur 38—39 g durch freiwilliges Abtropfen erhält. In diesem Falle presst man den auf dem Filter verbleibenden Rückstand mit einem dicken Glasstab gelinde aus, wodurch die fehlende Menge Flüssigkeit zum Abtropfen gebracht wird.

Olea aetherea.

Wir haben uns während des vergangenen Jahres beschränkt, zu der in den vorjährigen Annalen begonnenen Prüfungsart ätherischer Öle weitere Zahlen zu sammeln, um so nach und nach zu einem abschliessenden Urteile darüber zu gelangen. Wir haben jedoch diese Untersuchung in der Art erweitert, dass wir auch diejenige Menge

---

*) Helfenb. Annalen 1888. S. 105.

| Oleum | ccm Wasser zur | | Temperatur |
	Lösung 1:10	Lösung 1:20	
Absinthii	3,5	7,8	
	3.7	8,0	
Amygdal. amar.	28,0		
	33,0		
	35,0		30 ⁰
Angelicae	3,5		
	2,3	5,6	47 ⁰
	2,0	5,6	47 ⁰
Anisi	5,0		
	3.7	9,8	35 ⁰
Arnicae radicis	2.7	7,3	47 ⁰
Aurantiorum	1.5	3,5	
Bergamottae	2.0		
	3.5		
	2,8		
	2,4	5,7	45 ⁰
	1,9	4,1	35 ⁰
	1.7	4,0	
	1,7	4,7	
Caryophyllorum	7.1		
Cascarillae	2.8		
Cassiae	15,0		
	13,0		
	11,5	24,5	44 ⁰
	9,8	23,3	45 ⁰
Cinnam. Ceyl.	8,5		
	10,0	24,7	45 ⁰
	9,5	22.6	
Citri	2.6		
	1,8	4,3	38 ⁰
	1,9	3,9	
	1.7	4,8	
Foeniculi	4.8		
	6.6		
Galangae	3.2	7,8	32 ⁰
Geranii	1,1		
	0.9	2,5	
	1.35	3,1	
	1.4	2,95	25 ⁰
Lavandulae	4,0		
	6.7	14,3	45 ⁰
	4,1		

Oleum	ccm Wasser zur		Temperatur
	Lösung 1 : 10	Lösung 1 : 20	
Ligni Sassafras . .	5,0	12,0	
Melissae	3,5	7,5	
„ selbst bereitet	5,5	12,0	
Menthae crispae .	5,6		
„ pip. Germ.	9,7		
	9,2		
	7,5	17,0	45 ⁰
„ „ Angl.	9,2		
	5,6	13,5	
Millefolii	2,6		
	1,4	3,3	34 ⁰
Neroli Bigarrade .	3,4	6,6	37 ⁰
„ Portugal .	4,0	9,8	50 ⁰
	4,0	10,5	46 ⁰
Rutae	7,1	21,1	selbst b. Kochen nicht klar
Rosarum	0,9		
	0,2		
	0,4	1,7	27 ⁰
	0,4	1,6	
	0,45	1,5	
Rosmarini Gallic. .	2,8		
	3,2		
	2,6		
	2,9	7,7	28 ⁰
„ Italic. .	1,8		
	1,5	3,2	25 ⁰
Salviae	6,5		
	5,8		
	6,2		
Santali	8,0		
	7,2	15,0	
Thymi	4,7		
	5,0		
Wintergreen . . .	12,3		
	10,2		
	10,9	31,5	
Zingiberis . . .	2,5		
	1,8	4,2	36 ⁰

Wasser bestimmten, welche in einer Lösung von 1,0 Öl in 20,0 absolutem Alkohol die gleiche Wirkung, wie in der konzentrierten Lösung erzielte, und dass wir sodann die Temperatur feststellten, welche notwendig war, um diese Trübung wieder aufzuheben. Der auf letztere Weise erhaltenen Zahlen sind noch zu wenige, um ein festes Urteil zu gewinnen; wir wollen diese Versuche auch durchaus nicht, wie wir bereits in den vorjährigen Annalen bemerkten, als Grundlage einer neuen Methode betrachtet wissen, sondern nur als Beitrag zur Kenntnis der Eigenschaften der betreffenden Öle.

Oleum Cacao.

Die Prüfung des Kakaoöles ergab folgende Zahlen:

Schmelz-punkt.	Spez. Gew. b. 15°.	Säurezahl.	Jodzahl.
30°	0,972	11,0	30,9
31°	0.970	14,56	33,02
31°	0.979	14,56	33,18

Das Deutsche Arzneibuch hat die Fassung des Textes der P. G. II. herübergenommen mit einer einzigen, den Schmelzpunkt betreffenden Abänderung, die sich den von uns gefundenen Zahlen anschliesst. Über die Art der Ausführung der Schmelzpunktbestimmung ist hier dasselbe zu sagen, was wir bereits unter Adeps angeführt haben.

Wünschenswert wäre gewesen, dass das Arzneibuch bei diesem Artikel, der wohl in keiner Apotheke selbst hergestellt werden dürfte, eine Bestimmung der Jod- und der Säurezahl aufgenommen hätte!

Oleum Olivarum.

Von den in diesem Jahre zur Untersuchung gelangten Proben von Olivenöl wurde keine beanstandet; die Jodzahlen schwankten bei Oleum Olivarum commune zwischen 81,5 und 85,0, bei Oleum Provinciale zwischen 80,1 und 84,0, der Elaidinprobe gegenüber verhielten sich alle Öle normal.

Das Deutsche Arzneibuch hat sich mit der Wertschätzung des Olivenöls sehr einfach abgefunden, seinen Standpunkt charakterisiert Thoms*) sehr treffend, indem er sagt: „Beim Durchlesen des Artikels Olivenöl ahnt man nicht, dass auf dem Gebiete der Fettprüfung in den letzten Jahren wichtige Untersuchungen unternommen wurden, welche zu einer Wertschätzung und Reinheitsbestimmung schon jetzt geführt haben." Wir haben diesem Urteil nichts hinzuzufügen!

Das Verfahren von Labiche zum Nachweis von Baumwollensamenöl im Schweinefett (siehe unter Adeps suillus) ist von Deiss**) auf Olivenöl zu demselben Zwecke übertragen worden in folgender, abgeänderter Form:

„10 ccm des zu untersuchenden Öles werden in einem Probierröhrchen mit ebensoviel Schwefeläther geschüttelt, worauf man 5 ccm konz. Bleiessig zumengt und schliesslich mit 5 ccm Ammoniak nochmals schüttelt. Ist Baumwollensamenöl vorhanden, so entsteht durch Einwirkung des sich bildenden Bleioxydes auf das Kottonöl eine orangerote Färbung, welche sich nach kurzem in der oberen Schicht des Gemenges mehr oder weniger ausgeprägt zeigt."

Wir haben diese Reaktion bei einer Reihe von Ölen angestellt und sind zu folgendem Befunde gelangt: Mohnöl, Wallnussöl und Baumwollensamenöl nahmen, auf obige Weise behandelt, nach kurzer Zeit eine orangerote Färbung an, die jedoch keineswegs ermöglichte, das Baumwollensamenöl von den beiden anderen zu unterscheiden; die übrigen, der Prüfung unterworfenen Öle zeigten Färbungen von orange bis gelb in folgender Abstufung: Leberöl, Arachisöl, Sonnenblumenöl, Sesamöl, Olivenöl. Völlig ungefärbt blieben nur Schmalzöl und Ricinusöl. Unter solchen Umständen kann von einem sicheren Nachweis des Baumwollensamenöles auf Grund dieser Reaktion keine Rede sein, umsoweniger, als das Olivenöl selbst eine Gelbfärbung annimmt. Wie kann man dann auf Grund solcher Mischfarben ein Urteil gewinnen!

Noch weiter wird jedoch der Wert dieser Probe herabgedrückt durch unsere Beobachtung, dass Baumwollensamenöl, welches erhitzt wurde, bis es 1—2 Minuten rauchte, überhaupt bei dieser Reaktion völlig weiss bleibt, selbst bei tagelangem Stehen!

---

*) Pharm Centralhalle 1890. S. 726
**) Monde pharm. durch Die Seifen-, Öl- u Fettindustrie 1891. S. 556.

Oleum Staphidis agriae.

Das fette Öl der Stephanskörner, welches nach den Angaben Haensels*) zu **16** $^0/_0$ in den Samen vorkommt und aus diesen durch Auspressen gewonnen wird, verdanken wir der Freundlichkeit des Herrn Haensel in Pirna, der dasselbe bei dem Versuche, ätherisches Öl aus den Samen zu destillieren, als Nebenprodukt erhielt. Wir haben die Jodzahl des Öles bestimmt und fanden dieselbe zu

75,26.

Oleum Strophanthi.

Bei Gelegenheit der Bereitung der Tinctura Strophanthi haben wir die Jodzahl des durch kalte Pressung aus den Samen von Strophantus hispidus erhaltenen grünbräunlichen, fetten Öles bestimmt und dieselbe in zwei verschiedenen Malen zu

90,10 und 90,33

gefunden. In einer inzwischen erschienenen Notiz**) eines ungenannten Forschers fanden wir dieselbe zu **95,3—95,9** angegeben.

Pulpa Tamarindorum.

Die Untersuchung der rohen und gereinigten Pulpa in der von uns im vorigen Jahre ausgeführten Weise lieferte die folgenden Zahlen:

---

*) Pharm. Centralhalle 1890. S. 625.

**) Annali d. Chim. e. d. Farm. d. Apoth.-Zeit. 1891. S. 167.

In 100 Teilen:

Pulpa	Wasser.	Säure.	Zucker.	Cellulose.	Asche.	Extractiv- und Farbstoff.
depurata.	43,10	10,87	36,30	3,70	2,00	4,03
	38,40	10,80	39,30	4,55	2,50	4,45
	40,20	11,25	37,50	4,15	2,45	4,45
	38,45	10,12	39,60	3,20	2,50	6,13
depurata concentrata.	24,25	12,75	49,50	4,45	2,40	6,65
	21,25	12,00	51,90	4,60	2,60	7,65
	23,85	12,75	50,02	4,60	2,75	6,03
	23,00	12,00	49,55	4,60	2,95	7,90
	25,62	12,00	49,52	4,75	2,97	5,14
	26,05	12,37	49,40	4,35	2,95	4,88
cruda.				Extrakt:		
	—	15,22	20,80	46,70	—	
	—	10,87	26,00	54,75	—	
	—	13,50	18,10	48,45	—	
	—	13,87	24,75	57,20	—	

Das Deutsche Arzneibuch setzt, offenbar auf unseren Untersuchungen fussend, den Wassergehalt der gereinigten Pulpa auf einen
Höchstbetrag von 40 $^0/_0$, die vorhandene Säuremenge (auf Weinsäure
berechnet) auf den Mindestbetrag von 9 $^0/_0$ fest. Beiden Forderungen
ist leicht zu genügen, allein, man muss sich billigerweise fragen, warum denn nicht auch der Zuckergehalt berücksichtigt worden ist, er
gehört doch wahrlich ebenfalls zu einer Wertbestimmung!

Über die Bestandteile der Tamarinden liegen zwei grössere Arbeiten vor, von Neumann*) und von Brunner**). Die fleissigen Arbeiten, besonders des letzteren Autors, geben höchst interessante
Aufschlüsse über das Verhältnis der aus den Früchten getrennt her-
stellbaren Körper.

Auf die letztere Arbeit hoffen wir in unserem nächstjährigen Berichte zurückzukommen.

*) Pharmaceut 1891. S. 15.
**) Apoth.-Zeit. 1891. S. 53. Preisarbeit der Hagen-Buchholz-Stiftung.

Pulveres.

Die diesjährige Untersuchung der Pulver ergab die folgenden Zahlen. Es wurden gefunden in 100 Teilen:

Pulvis	Wasser.	Asche.	Kaliumkarbonat	
			berechnet auf die Asche	berechnet auf die Substanz
Cantharidum	8,20	6,45	—	—
	7,80	8,20	—	—
	6,80	7,75	—	—
	9,50	7,60	—	—
	5,90	8,50	—	—
flor. Chrysanthemi . . .	5,55	6,35	35,27	2,24
	7,95	6,75	—	—
fol. Sennae Alexandr.. .	8,30	11,35	—	—
	5,05	14,30	13,28	1,90
fol. Sennae Tinevelly . .	7,00	12,50	—	—
	6,90	12,50	13,76	1,72
	10,95	11,15	—	—
herb. Conii	12,40	13,05	26,43	3,45
herb. Digitalis	7,05	7,90	47,97	3,79
	11,60	7,55	41,05	3,10
	9,85	7,95	38,99	3,10
herb. Hyosciami . . .	9,70	23,05	22,42	5,17
herb. Meliloti	11,16	9,50	—	—
rad. Althaeae	9,10	5,80	—	—
	6,20	6,05	17,02	1,03
rad. Iridis	3,60	3,55	—	—
	7,60	4,90	21,02	1,03
rad. Liquiritiae	7,75	6,15	—	—
	9,00	5,35	—	—
	6,45	5,85	—	—
	8,05	5,45	—	—
	9,45	5,40	—	—
	9,80	5,20	—	—
rad. Rhei	6,45	12,25	8,40	1,03
	5,85	11,15	—	—
Secalis cornuti exol. . .	9,00	5,10	—	—
	7,85	5,05	—	—
	10,00	5,60	—	—
sem. Foeniculi	13,55	7,95	Spuren	—
	9,95	9,05	—	—

Resina Jalapae.

Wir waren im vergangenen Jahre in der Lage, die Angaben Squibb's und Turner's und weiterhin Flückiger's, dass der Harzgehalt der Jalape seit etwa **20** Jahren eine Verminderung erfahren habe, auf Grund unserer fabrikmässig gewonnenen Ausbeuten im Gegensatz zu Bellingrodt zu bestätigen. In jüngster Zeit veröffentlicht Th. Waage*) eine Betrachtung: „Über den Harzgehalt der Jalape", in welcher derselbe zu der Ansicht gelangt, dass eine Jalape von **10** % Harzgehalt auch heute noch am Markte sei und dass deshalb das Deutsche Arzneibuch zu geringe Anforderungen an den Gehalt der Knollen stelle.

Waage sagt in Bezug auf die von uns erhaltenen Zahlen, dass dieselben keineswegs für ein allmähliches Abnehmen des Harzgehaltes sprächen, sondern vielmehr auf Verwendung billigerer Sorten hindeuteten. Nichts ist irriger, als dies. Der Fabrikant hat bei der Bereitung des Jalapenharzes das allergrösste Interesse daran, nur möglichst hochprozentige Ware zu verarbeiten, da die Auslagen für Arbeitslöhne, der Weingeistverbrauch und die übrigen Unkosten genau dieselben sind, als bei Verwendung geringerer Ware und da hier keineswegs ein niederer Einkaufspreis für geringe Ausbeute entschädigt. Unsere Zahlen sind mit best erhältlichen Knollen gewonnen, allein sie stellen nicht den Gehalt ausgewählter Stücke dar, sondern den Durchschnittsgehalt wirklicher Handelsware, d. h. von Mustern im Betrage von mindestens **200** kg. Mündliche und schriftliche Anfragen bei den Herren der Gegenpartei zeigten uns nämlich, dass die meisten jener Werte erhalten wurden unter Verwendung einiger Kilo Jalapenknollen, wie sie genügen, um den Bedarf der Offizin von Zeit zu Zeit zu decken; niemand kann jedoch aus solchen Befunden einen Beweis gegen die von Flückiger und uns vertretene Ansicht herleiten.

Gern geben wir zu, dass es besonders findigen Naturen gelingen mag, aus einer grösseren Auswahl einige Kilo besonders schwere, harzreichere Knollen herauszulesen, die Verantwortung für das Gelingen einer solchen Arbeit jedoch dem Apotheker aufzubürden, halten wir

*) Berichte der Pharmaceutischen Gesellschaft 1891. S. 87.

für völlig ungerechtfertigt; nicht mit Ausnahmen soll man rechnen, sondern mit der Regel.

Wenn Waage zum Schluss seiner Arbeit auf die Pharmakopöen anderer Staaten hinweist, die mehr Harzgehalt verlangen, als das Deutsche Arzneibuch, und daran die Frage knüpft: „Warum soll Deutschland das Absatzgebiet für schlechtere Sorten sein". so weisen wir nur auf die der jüngsten Zeit entstammende Untersuchung von van Ledden-Hulsebosch*) hin. Letzterer fand in drei Mustern käuflichen Jalapenpulvers 9,6, 7,0 und 8,4 $\%$ Harz, während die Niederländische Pharmakopöe 10 $\%$ verlangt. Das Nachbarland ist also durchaus nicht besser daran, wie Deutschland!

Wir können es deshalb nur für gerechtfertigt erklären, dass das Deutsche Arzneibuch die wirkliche Handelsware bei Aufstellung seiner Forderung im Auge gehabt hat; auch vom therapeutischen Standpunkte aus können wir keinen Nachteil von dieser Massnahme erblicken, da auch der wirksame Teil der Knollen, das Harz, dem Arzneischatze angehört.

*) Pharm. Weeltblad d. Apoth.-Zeit. 1891. S. 215.

Sapones.

Die nachfolgende Zusammenstellung veranschaulicht die Untersuchungsergebnisse des vergangenen Jahres:

Sapo	Freies Alkali in Prozenten.	Freie Fettsäure als Ölsäure berechnet in Prozenten.
kalinus ad Spiritum saponatum	0,56 0,56 0,78 0,72 0,84 0,84 } 0,56 - 0,95 0,84 0,95 0,95 0,84 0,89	1,69 1,69 0,84 0,56 0,84 1,12 } 0,28—1,69 0,28 0,28 0,28 0,28 0,56
kalinus P. G. III	0,56 0,84 0,61 0,72 } 0,42—1,06 1,06 0,67 0,42	1,97 1,97 0,56 1,69 } 0,28—1,97 0,28 0,56 0,84
medicatus P. G. III	0,19 0,39 0,33 0,28 0,33 0,28 } 0,14—0,39 0,30 0,14 0,33 0,16	1,69 1,83 1,26 1,12 1,40 1,60 } 1,10—1,80 1,10 1,69 1,60 1,80
oleïnicus	0,44 0,44 0,56 } 0,33—0,56 0,39 0,33	2,53 2,80 0,56 } 0,56—2,80 0,84 0,84
stearinicus	0,39 0,44 0,78 0,56 0,44 0,56 0,44 } 0,33—0,78 0,78 0,50 0,42 0,44 0,33 0,36	0,84 0,84 0,56 0,56 0,56 1,12 0,84 } 0,42—1,55 0,70 0,84 0,56 0,42 1,40 1,55

Die vorstehenden Zahlen sind nach dem Helfenberger Aussalzverfahren gewonnen. Hinsichtlich des letzteren mussten wir im vergangenen Jahre eine Beobachtung machen, auf die aufmerksam zu machen wir nicht verfehlen wollen. Wir fanden nämlich, dass zwei aus grösseren Drogenhandlungen bezogene Sorten reinen Kochsalzes, wie dasselbe zu obigem Verfahren notwendig ist, an Alkohol einen Körper saurer Natur abgaben, obwohl die wässerige Lösung beider völlig neutral reagierte. Wurden beispielsweise 10,0 dieses Kochsalzes mit 30 ccm absolutem Alkohol gekocht, so erforderte das Filtrat nach Zusatz von Phenolphtaleïn 2,5 ccm $^1/_{1\,000}$ N. Kalilauge bis zur Rotfärbung. Erst ein aus einer dritten Quelle bezogenes Natriumchlorid war brauchbar. Man darf daher bei Anwendung des Helfenberger Verfahrens nicht versäumen, diesem Punkte seine Aufmerksamkeit zu schenken, wenn man nicht zu falschen Schlüssen gelangen will.

Das Deutsche Arzneibuch hat bei der Prüfung der medizinischen Seife die ziemlich unempfindliche Quecksilberchloridprobe der P. G. II fallen lassen und dafür die für die Praxis viel zu scharfe Phenolphtaleïnprobe herangezogen. Da aber jede Seife geringe Mengen freien Alkalis und freier Fettsäure enthält, so wird eine Seife die neue Probe nur dann aushalten, wenn entweder das darin enthaltene freie Alkali durch Lagern in Carbonat übergegangen ist. oder die Menge der freien Fettsäure die des freien Alkalis überwiegt, so dass bei der durch Lösen in Weingeist eintretenden Vereinigung von Alkali und Säure letztere im Überschuss vorhanden bleibt! Ein Überschuss an freier Fettsäure ist jedoch für die Haltbarkeit der medizinischen Seife durchaus von störendem Einfluss, da er ein baldiges Ranzigwerden einleitet! Eine Prüfung auf freie Fettsäure wäre daher viel richtiger gewesen, als eine solche auf freies Alkali.

Es mag hierbei nicht unerwähnt bleiben, dass die Vorschrift des Arzneibuches zur Herstellung der Sapo medicatus kein Produkt liefert, welches die obige Prüfung aushält.

Sebum.

Die Talguntersuchungen lieferten die folgenden Zahlen:

Sebum	Schmelz- punkt.	Säurezahl.	Jodzahl.
	$48,0^0$	1,1	35,8
	$45,0^0$	1,7	39,3
bovinum.	$47,0^0$	1,7	35,3
	$46,0^0$	1,1	38,3
	$49,0^0$	1,4	38,1
	$48,0^0$	1,1	34,1
ovile.	$48,0^0$	0,5	37,8
	$49,0^0$	1,07	34,4
	$49,0^0$	1,12	35,9

Die Bestimmung des spezifischen Gewichtes bei 90^0 haben wir diesmal aus den bei Adeps angegebenen Gründen fallen lassen.

Tincturae.

Die in diesem Jahre erhaltenen Werte sind die folgenden:

Tinctura	Spez. Gew.	% Trocken- rückstand.	% Asche.	Säurezahl.	% Alkaloid.
Absinthii	0,907	3,01	0,38	19,6	—
Aloes	0,887	14,44	0,09	—	—
— comp . . . . {	0,907	3,61	0,04	—	—
	0,906	3,65	0,06	—	—
amara . . . . . . {	0,915	4,60	0,10	16,8	—
	0,917	5,09	0,13	19,6	—
	0,913	5,23	0,17	19,6	—
Arnicae . . . . . {	0,898	1,65	0,16	16,8	—
	0,901	2,11	0,13	16,8	—
	0,902	2,22	0,14	19,6	—
	0,904	2,24	0,17	16,8	—
— duplex . {	0,906	3,06	0,20	30,8	—
	0,906	3,45	0,27	33,6	—
	0,909	4,31	0,28	36,4	—
	0,910	3,79	0,36	28,0	—
aromatica . . . . {	0,903	2,00	0,09	16,8	—
	0,901	2,01	0,12	14,0	—
Aurant. . . . . . {	0,920	7,05	0,08	30,8	—
	0,919	6,85	0,18	22,4	—
Benzoes venal. . {	0,871	13,89	0,01	84,0	—
	0,876	14,93	0,02	70,0	—
	0,876	14,53	0,015	89,2	—
Calami	0,909	5,20	0,17	14,0	—
Cantharidum . .	0,837	2,03	0,06	12,6	—
Capsici . . . . . . {	0,837	1,81	0,05	11,2	—
	0,837	1,90	0,07	—	—
	0,840	1,74	0,06	12,6	—
Chinae	0,920	6,90	0,09	—	—
— comp . . .	0,915—0,921	6,37—7,01	0,08—0,14	—	—
Chinioidini . . .	0,930	11,76	0,15	—	—
Cinnamomi . . .	0,902—0,905	1,99—2,16	0,03—0,05	—	—
Colchici	0,900	1,54	0,08	5,6	—
Galangae	0,905	2,58	0,15	16,8	—

Tinctura	Spez. Gew.	% Trocken-rückstand.	% Asche.	Säurezahl.	% Alkaloid.
Gallarum .... {	0,951	13,38	0,08	—	—
	0,950	12,92	0,18	—	—
Gentianae	0,922	8,06	0,07	14,0	—
Lobeliae	0,901	1,22	0,15	8,4	—
Myrrhae ..... {	0,845	4,40	0,01	16,8	—
	0,847	4,11	0,01	8,4	—
Opii benz.....	0,895	0,44	0,01	95,2	—
— crocat....	0,983	4,94	0,19	—	1,09
— simplex .. {	0,975	5,20	0,13	—	1,24
	0,975	—	—	—	1,24
	0,975	5,31	0,17	—	1,22
	0,976	5,09	0,16	—	1,24
Pimpinellae ...	0,908	4,4	0,16	11,2	—
Pini composita . {	0,906	4,99	0,09	22,4	—
	0,907	3,78	0,10	14,0	—
Ratanhiae	0,921	6,69	0,045	—	—
Rhei vinosa...	1,047	19,07	0,65	—	—
Scillae	0,940	11,33	0,13	35,0	—
Secalis cornuti .	0,896	1,54	0,16	11,2	—
Strophanti ... {	0,901	1,55	0,08	5,6	—
	0,899	1,39	0,09	5,6	—
Strychni ..... {	0,897	1,13	0,03	8,4	—
	0,902	1,24	0,03	8,4	0,25
Valerianae ... {	0,907	3,70	0,08	16,8	—
	0,908	4,10	0,07	14,0	—
	0,906	3,44	0,15	14,0	—
	0,907	3,36	0,13	15,4	—
— aetherea	0,816	1,48	0,005	12,6	—
Zingiberis	0,899	1,17	0,13	2,8	—